사랑한다면 파리

사랑한다면 파리

초판 1쇄 인쇄 2016년 5월 20일
초판 1쇄 발행 2016년 5월 27일

글 · 사진 | 최미선 · 신석교
펴낸이 | 金鎭珉
펴낸곳 | 북로그컴퍼니
편집부 | 김옥자 · 태윤미 · 김현영 · 이예지
디자인 | 김승은
마케팅 | 김승지 · 김선규
경영기획 | 김형곤
주소 | 서울시 마포구 월드컵북로 1길 60(서교동), 5층
전화 | 02-738-0214
팩스 | 02-738-1030
등록 | 제2010-000174호

ISBN 979-11-87292-11-1 03980

로맨틱 러브 스토리와 함께하는 달콤한 파리 산책

사랑한다면 파리

최미선 글 · **신석교** 사진

북로그컴퍼니

사랑을 부르는 파리

파리에 다시 가보고 싶어졌던 건 언젠가 보았던 영화 〈미드나잇 인 파리〉 때문이다. 영화는 시작과 동시에 한참 동안 파리 곳곳을 말없이 훑어나간다. 센 강, 빨간 풍차의 물랭 루주, 개선문, 샹젤리제 거리, 그리고 파리지앵의 평범한 일상이 스민 길거리와 카페들…. 어둠이 내리면 거리 곳곳에 가로등이 켜지고 상점마다 건물마다 불빛이 반짝이며 그렇게 파리의 밤은 깊어간다. 파리의 구석구석을 감성적으로 접근한 오프닝신은 보는 이로 하여금 파리에 푹 빠져들게 했다.

그중에서도 나를 가장 유혹한 것은 파리의 밤거리였다. 영화 속 주인공은 자신이 동경하는 과거의 세상으로 가기 위해 날마다 파리의 밤거리를 타박타박 걷는다. 가로등 불빛을 받아 반짝이는 몽글몽글한 돌길…. 따스함이 깃든 노르스름한 불빛으로 파리의 골목길을 포근하게 감싸 안은 그 밤 풍경이 참 매혹적이란 생각이 들었다. 센 강을 홀로 걷는 주인공을 담은 영화 포스터에는 빈센트 반 고흐의 그림 〈별이 빛나는 밤〉의 이미지가 슬며시 녹아 있다.

그래서일까? 영화 속 파리의 밤거리는 무심하게 휘갈긴 듯 보이지만 섬세한 붓놀림이 살아 있는 고흐의 그림 같다. 관광객의 숱한 발길로 몸살을 앓던 파리도 밤이 되면 이렇듯 여유롭게 한시름 숨을 돌린다. 한적함이 스민 그 로맨틱한 밤거리를 영화 속 주인공처럼 걷고 싶었다.

파리행을 결심한 후 내친김에 파리를 무대로 한 달달한 로맨스 영화들을 더 챙겨 보았다. 20대 청춘 시절에 우연히 만난 '심쿵' 연인을 9년 만에 다시 만난 〈비포 선셋〉, 상큼한 소녀의 수줍은 사랑을 담은 〈아멜리에〉, 30년차 노부부의 두 번째 신혼여행이 담긴 〈위크엔드 인 파리〉…. 사랑 때문에 티격태격하는 속에서도 그들이 스쳐 지나간 영화 속 파리가 로맨틱하게 다가온 건 걷고 싶은 길, 아니 걷기에 좋은 길이 널려 있기 때문인지도 모른다.

서울에 비하면 파리는 정말 작다. 면적이 서울의 6분의 1이다. 그런 땅 밑에 거미줄처럼 퍼진 지하철과 국철 노선은 서울의 2배가 넘는다. 파리 어디에 살든 집을 나와 최대 400미터만 걸어가면 전철역이 있으니 파리 사람들은 걷는 게 일상화되어 있다. 그러니 골목길도 차보다 사람이 우선인 배려가 각별하다. 차를 끌고 나오느니 차라리 걷는 게

편한 곳이 바로 파리다. 골목 곳곳에 볼거리도 쏠쏠하니 걷는 걸 좋아하는 나로선 걷고 또 걸어도 피곤함보다 즐거움이 앞서는 도시다.

아무래도 여행은 열애와 비슷한 것 같다. 사랑에 빠진 누군가의 앞에서 가슴이 설레는 것처럼 여행을 코앞에 둔 내 마음이 다시금 두근거리고 설레었다.

한동안 '파리앓이'를 하다 꼭 1년 만에 다시 찾은 파리에서는 근교까지 아우르며 좀 더 느긋하게 둘러보았다. 빈센트 반 고흐가 생의 마지막 순간을 보낸 시골마을도 천천히 걸었고, 빛의 마술사 클로드 모네의 그림 속 풍경에도 들어갔다. 또한 보고 있어도 꿈만 같은 몽생미셸, 수많은 인상파 화가들에게 영감을 주었던 노르망디의 해변마을 에트르타와 옹플뢰르는 다시 찾아온 여행자에게 안겨준 파리의 소중한 선물이었다. 그래도 나는 아직도 목마르다. 여행에 관해서는 늘….

사랑을 부르는 파리

Contents

프롤로그 사랑을 부르는 파리_4

비 오는 파리의 유혹

13

〈미드나잇 인 파리〉의 로맨틱 야행 | "파리는 비 올 때 가장 아름다워요"
연인의, 연인에 의한, 연인들을 위한 센 강 | 키스의 원조 명소는 파리 시청?
모양도 다르고 사연도 다른 센 강의 다리들 | 파리는 지금 웨딩촬영 중
유명작가들이 드나든 낭만 가득한 고서점
〈비포 선라이즈〉의 낭만과 〈비포 선셋〉의 로맨스
나는 열정적인 사랑을 갈망하는 사람? | 커피향과 빵 냄새 가득한 파리 골목길
말만 잘해도 돈 버는 카페 | 왕비의 정원에서 맛보는 달콤한 여유

그렇게 사랑이 시작된다

67

사랑할 수밖에 없는 그녀, 아멜리에 | 청춘들을 설레게 하는 사랑의 벽
따끈따끈한 '몽마르트르표 초상화' 한 점 부탁해요
비운의 화가 모딜리아니의 애달픈 사랑
파리에서 가장 높은 언덕 위의 하얀 집 | 행운을 부르는 아멜리에 카페
가난한 연인들의 아지트 | 몽마르트르의 난쟁이 화가
쇼팽과 조르주 상드의 로맨틱 밀회 장소
아멜리에가 물수제비를 뜨던 그 운하 | 파리의 아름다운 변두리 마을, 벨빌
노래하는 작은 참새, 에디트 피아프

오늘도 파리는 연애 중

123

평범한 노부부의 두 번째 허니문 | 시테 섬 안의 노트르담 스캔들
집시는 낭만이 아니야 | 연인들의 숨겨진 프러포즈 명소
파리에서 가장 파리다운 곳 | 로댕의 냉정, 카미유의 열정, 뵈레의 순정
중년이 되어서야 빛을 본 로댕 | 일부일처제가 지루하다는 그녀의 사랑법
아무도 못 말리는 프랑스 대통령의 로맨스

언젠가는 그렇게 이별
171

최고 여배우의 청혼을 거절한 남자 | 한 발짝 더… 다가서라
지칠 줄 모르는 피카소의 그 놀라운 사랑
"우리 할아버지 피카소의 그림을 팝니다" | 대통령이 만들어낸 파리의 명소
아수라장이 되고 만 상상 초월의 발레 공연
코코 샤넬과 스트라빈스키는 어떤 사이?
카바레 가수에서 전설의 디자이너가 되다

그래도 다시, 사랑
217

파리는 오늘도 느긋하다 | 낭만적인 센 강변에 어울리지 않는 그 냄새
공포의 무대에서 화합의 상징으로 바뀐 콩코르드 광장
비운의 왕비가 누린 화려하지만 허망한 삶 | 왕비의 산책로 샹젤리제 거리
루이비통 명품의 비밀 | 파리에서 에펠탑이 안 보이는 유일한 장소
프러포즈 받고 싶은 장소 1위

그림 속 풍경을 가다
253

절대 권력의 상징, 샤토 드 베르사유
고흐가 살다 간 마을, 오베르 쉬르 우아즈
모네의 정원, 지베르니
로맨틱 항구마을, 옹플뢰르
그림과 소설 속 풍경, 에트르타
신비로운 마법의 성, 몽생미셸

에필로그 지나간 시간은 사라지는 것이 아니다_326

비 오는
파리의
유혹

〈미드나잇 인 파리〉의
로맨틱 야행

〈미드나잇 인 파리〉가 유혹한 파리….

늦은 밤, 공항에 도착해 간단한 입국심사를 받고 에스컬레이터에 몸을 싣고 나니 앞에 선 스킨헤드 흑인 사내의 반지르르한 피부색에서 이국땅에 도착했음이 느껴진다. 공항을 빠져나와 처음으로 마주한 파리의 밤 풍경은 화려한 것 같으면서도 요란하지 않아 낯선 이방인의 마음을 적당히 들뜨게 하며 푸근하게 감싸주었다. 나를 아는 사람도 없고, 시간에 맞춰 해야 할 일도 없는 자유로움은 이렇게 파리의 밤거리에서 시작됐다.

"비 올 때 걷는 거 좋지 않아?"
"뭐가 좋아? 젖기밖에 더해?"

영화 〈미드나잇 인 파리〉는 비 오는 파리의 거리를 유난히 많이 보여준다. 촉촉하게 내리는 비가 안겨주는 특별한 감성이 있다. 비 오는 날은 왠지 술이라도 한잔하고 싶어질 만큼 기분을 말랑말랑하게 한다. 그 기분을 같이 나눌 누군가가 있다면 더없이 좋다.

그러나 비 오는 파리를 낭만적이라고 생각해 건넨 남자의 말을 여자는 이렇듯 퉁명스럽게 딱 잘라버린다. 부부 혹은 연인이 같은 생각, 같은 감성을 지닌다는 게 쉽진 않지만 서로에게 맞춰주려는 센스는 필요하다. 하지만 파리로 여행 온 영화 속 주인공오웬 윌슨과 그의 약혼녀는 감성이 달라도 너무 다른 커플이다. 파리의 숨은 낭만을 느끼고 싶은 남자와 달리 여자는 파리의 화려함만을 즐기고 싶어 한다.

함께 있지만 다른 곳을 보는 두 사람…. 그로 인해 남자는 약혼녀 일행과 저녁을 먹은 후 홀로 파리의 밤거리를 걷는다. 그리고 자정을 알리는 종이 울리는 순간, 팡테옹 왼쪽 뒤편 생 에티엔 뒤 몽 성당 앞 골목길에서 시간의 마술을 부리는 올드카가 홀연히 나타나 남자에게 손짓한다. 올드카에 오른 남자가 간 곳은 그가 황금시대라고 여기던 1920년대 파리! 소설가인 남자는 그곳에서 평소 동경하던 어네스트 헤밍웨이와 《위대한 개츠비》의 작가 스콧 피츠제럴드, 말아 올린 수염이 인상적인 괴짜 화가 살바도르 달리와 파블로 피카소 등 당대 최고의 예술가들과 어울려 꿈같은 시간을 보낸다. 이들이 만난 곳은 소르본대학 인근에 자리한 폴리도르 레스토랑이다. 1845년에 개업한 이곳은 실제로 헤밍웨이의 단골집이었다.

이외에도 파리에는 유명 예술가들의 단골집이 꽤 있다. 특히 파리에서 가장 오래된 생 제르맹 데 프레 성당 앞 대로변에 나란히 자리한 '카

페 드 플로르'와 '레 되 마고'는 파리를 대표하는 양대 산맥 카페이자 19
세기 말 문을 연 이래 프랑스의 지성과 문화 중심지 역할을 해온 유서
깊은 곳이다. 레 되 마고가 나폴레옹이 젊은 시절 술을 마시고 돈이 없
어 모자를 맡기고 간 곳으로 유명한 곳이자 피카소를 비롯한 유명 화가
들이 드나들던 곳이라면 카페 드 플로르는 연인이었던 장 폴 사르트르
와 시몬 드 보부아르가 자주 만난 장소로 유명하다. 이곳을 드나들던 앙
드레 말로는 자신의 저서 《인간의 조건》을 통해 "인간을 만들려면 아홉
달이 필요하지만 인간을 완성하는 데는 60년의 긴 세월이 필요하다"는

말을 남겨 인상 깊었던 인물이다. 커피값이 다른 곳에 비해 좀 비싸긴 하지만 그들의 흔적이 밴 자리에는 지금도 미래의 유명작가가 될지도 모를 사람들이 앉아 차를 마시며 글을 쓰거나 얘기를 나누고 있다.

그날 이후 남자는 매일 밤 같은 거리를 찾아와 올드카를 타고 시간을 넘나드는 로맨틱 야행을 즐긴다. 그곳에서 남자는 피카소의 연인 아드리아나를 만난다. 예술과 낭만을 아는 그녀는 싸구려 귀고리 선물에도 감명 받아 멋지다고 얘기해줄 줄 아는 여자다. 반면 같은 것을 두고 '싼게 비지떡'이라며 마뜩찮게 여기는 여자가 있다면 누구에게 마음이 갈까?

남자는 결국 약혼녀에게 이별을 고하고 감성이 통하는 아드리아나와 1920년대 파리의 밤거리를 산책한다. 그런 그들 앞에 이제는 올드카가 아닌 마차가 멈춰 선다. 또각또각…. 경쾌한 말발굽 소리는 파리의 돌길과 참 잘 어울린다. 마차를 타고 그들이 내린 곳은 아드리아나가 늘 동경해온 벨 에포크 시대의 막을 여는 1890년대의 파리다.

'가장 아름다운 시절'이라 하여 일명 황금시대로 통하는 벨 에포크 Belle Epoque는 보불전쟁을 비롯한 정치적 격동기를 치른 후 제1차 세계대전이 터지기 전까지 정치적 안정을 바탕으로 문화와 예술의 풍요를 누리던 시대를 지칭하는 말이다. 두 사람은 그곳에서 그 시대를 풍미했던 폴 고갱, 에드가 드가, 앙리 마티스를 만나게 된다. 그러나 고갱은 "이 시대는 공허하고 상상력이 없다"고 불평하며 미켈란젤로가 살았던 르네상스 시대를 동경한다. 그럼에도 아드리아나는 자신이 동경했던 그 시대에 머물기를 원한다.

"여기 머물면 여기가 현재가 돼요.

그러면 또 다른 시대를 동경하겠죠.

과거에 살았다면 행복했을 거란 환상도 그중 하나겠죠.

현재란 그런 거예요. 늘 불만스럽죠. 삶이란 그런 거니까…."

아드리아나에게 이런 말을 남기고 돌아온 남자는 자정을 알리는 종소리가 들려도 더 이상 과거로 돌아가지 않는다. 현재를 부정하고 과거의 황금시대를 동경했던 남자가 깨닫게 되는 건 현재 또한 미래의 누군가에게는 동경하는 과거가 된다는 사실이다. 결국 절대적인 황금시대는 없다는 얘기다.

과거의 황금시대를 동경하게 되는 건 어쩌면 현재는 자신이 살고 싶은 삶을 사는 것이라기보다 살아야 할 삶을 사는 것이기 때문인지도 모른다. 누구의 딸, 누구의 아내, 누구의 엄마, 이렇게 어떤 역할로 규정된 나에게서 벗어나고픈 마음이 있기에 그런 건지도 모른다. 그로 인해 누구에게든 "그때가 좋았지"라며 가장 아름다웠던 시절이라 생각하는 자신만의 황금시대가 있을 터다.

나에게는 그런 황금시대가 언제였을까? 20대? 30대? 그러나 그 시절로 다시 돌아가고 싶진 않다. 세월이 흐르면 언젠가 지금을 두고 '그래도 그때가 좋았지'라고 할 것이다. 그러니 그저 지금의 내 시간들을 소중하게 여기며 바로 이 순간을 즐기며 사는 것이 최선이지 싶다.

"파리는 비 올 때
가장 아름다워요"

비 내리는 파리를 좋아하던 남자. 그가 현재로 돌아와 센 강 위의 다리를 거닐 때 생투앙 벼룩시장의 골동품 가게에서 만났던 점원 아가씨와 우연히 마주친다. 바로 그 순간 때마침 비가 내린다. 비에 젖는 것을 아랑곳하지 않고 여자는 말한다.

"파리는 비 올 때 가장 아름다워요."

마음이 통하는 두 남녀가 비를 맞으며 나란히 걸어가면서 영화는 막을 내린다.

사실 여행 중에 비가 오면 번거롭긴 하다. 하지만 '파리는 비 올 때 가장 아름답다'는 말에 은근히 비를 기다렸다. 비에 촉촉이 젖은 파리의 모습이 궁금했다. 그러나 간혹 두터운 구름이 슬며시 드리우긴 했어도 파리에 있는 내내 비는 오지 않아 아쉬웠다. 허나 꼭 1년 만에 다시 찾은 파리에선 심심찮게 비를 맞이했다. 쨍했던 하늘에 어느새 먹구름이 몰려와 비를 뿌렸고, 아침부터 비를 뿌리는 먹구름의 기세를 보아 하루 종일 비가 내릴 것 같았는데 얼마 지나지 않아 쨍한 햇빛을 드러내는 변덕스러운 파리를 꽤 여러 번 경험했다. 파리는 비 올 때 가장 아름답다는 말 때문이었을까? 촉촉하게 젖어든 파리는 더욱더 감성적으로 다가왔고 밤 풍경은 더 매력적이었다.

어둠이 깃든 센 강은 또 다른 매력의 얼굴을 드러낸다. 물가에 하나둘 켜지는 은은한 가로등은 강물 속에서 물결을 따라 요리조리 몸을 흔

들며 춤을 춘다. 그렇게 파리의 밤은 여행객들을 밤새 유혹하며 좀처럼 놓아주질 않는다. 언젠가 우리의 한 중견 여배우가 시상식장에서 "오~ 아름다운 밤이에요~ 알러뷰~"라고 외쳤던 것처럼, 불현듯 똑같은 말을 하고 싶게도 한다.

그들이 빗속의 파리를 걸어간 곳은 알렉상드르 3세 다리다. 영화에선 빗줄기 속의 가로등 불빛만이 힘겹게 어둠을 걷어내 다리의 멋이 슬쩍 감춰졌지만 파리에서 가장 화려하고 아름다운 다리다. 1892년의 러프동맹 기념과 더불어 1900년에 개최된 만국박람회를 위해 지은 것으로 아르누보 양식이 돋보이는, 아드리아나가 그토록 동경했던 벨 에포

사랑한다면 파리

크 시대의 미학을 고스란히 보여주는 다리다. 다리 양끝에선 황금빛으로 반짝이는 날개 달린 천마가 한껏 위용을 부리는가 하면 난간에는 아기천사 등의 아기자기한 조각품과 우아한 램프 가로등이 줄을 이어 물 위를 넘나드는 재미에 감칠맛을 더해준다.

나폴레옹의 유해가 안치된 군사박물관 앵발리드와 1900년 파리 만국박람회를 위해 세운 전시관인 그랑 팔레를 연결하는 이 매력적인 통로를 알렉상드르 3세 다리라 한 것은 러프동맹을 성사시킨 러시아 황제의 이름을 그대로 사용했기 때문이다. 특히 그랑 팔레 쪽에서 알렉상드르 3세 다리 너머 앵발리드가 어우러진 모습은 파리에서 손꼽히는 경관으로 알려져 있다.

연인의, 연인에 의한, 연인들을 위한 센 강

센 강은 연인들의 강이다. 강변엔 어디라 할 곳 없이 쌍쌍의 연인들로 가득하다. 그들은 키스하고 싶으면 키스하고, 끌어안고 싶으면 끌어안고… 그렇게 자신들의 애정표현을 서슴없이 한다. 그래서일까? 이곳에선 여행자 차림의 커플 또한 파리의 연인들처럼 애정표현이 과감하다. 수많은 연인들 중 유독 눈에 띄는 커플이 있었다. 해 질 무렵, 바로 그 아름다운 알렉상드르 3세 다리 밑에서다.

알렉상드르 3세 다리 가운데에는 괴수 형태의 거대한 조각품이 센

강을 내려다보고 있다. 마치 눈을 부릅뜨고 감시하는 센 강의 수문장 같은 행세다. 그럼에도 20대 중반으로 보이는 두 연인은 매서운 수문장의 눈길은 물론 주변의 시선은 아랑곳하지 않고 아주 진한 키스를 쉬지 않고 했다. '저러면 숨은 어떻게 쉴까?' 궁금해질 만큼 긴 키스 타임은 반복되고 또 반복됐다.

센 강변에 앉아 오랫동안 그렇게 키스를 하던 그들은 헤어질 시간인지 비로소 자리에서 일어났다. 그러나 헤어짐이 아쉬운지 일어나서도 한참을 포옹하고 키스하며 좀처럼 떨어지질 못했다. 그러다가 드디어 발걸음을 옮겨 다리 밑에서 연결되는 기차역 입구로 향했다. 하지만 기차역 입구에서 다시 멈춰서더니 또다시 포옹하고 키스를 나눈다. 그렇게 20분은 족히 지나서야 그들은 헤어졌다. 기차역 입구 안쪽으로 여자가 사라지자 홀로 남은 남자는 여자가 들어간 곳을 몇 분간 지켜보다 알렉상드르 3세 다리로 연결되는 계단을 천천히 밟고 올라갔다. 여자를 떠나보낸 남자의 뒷모습에 내가 더 아쉬워지는 마음은 또 뭘까?

나는 그 즈음의 나이 때 그들처럼 키스를 해보지 못했다. 고작해야 레

스토랑에서 오가는 손님과 종업원의 눈을 피해 어설프게 했던 키스가 생각난다. 나뿐만 아니라 내 나이 또래 대부분이 그랬던 것 같다. 1980년대만 해도 대학교 앞이나 종로에는 자리에 앉으면 다른 테이블의 손님이 보이지 않을 만큼의 높이로 가림막을 한 레스토랑이 종종 있었다. 아마도 어느 정도의 애정표현을 하고 싶은 연인들을 위한 배려였으리라.

남녀의 사랑을 표현하는 로맨틱한 키스…. 참 아름다운 모습이건만 그때는 남 앞에서 키스한다는 게 왜 그리 창피하고 해서는 안 될 것으로만 생각했을까? 누가 보든 말든 사랑하는 사람과 당당하게 키스를 나누는 파리의 연인들이 부럽다. 프랑스의 국민가요라고도 할 수 있는 샹송 '샹젤리제'에는 "어제 저녁엔 모르던 두 사람이 오늘 아침 거리에서는 긴 밤 지새우며 완전히 마음을 빼앗긴 두 연인이 되었지요"라는 가사가 있다. 그런 파리의 연인들을 보면 누구든 파리에 오면 없던 사랑이 마술처럼 생겨나고 그 사랑이 깊어질 것만 같다. 하룻밤 불장난이란 비난도 있을 수 있겠지만 왜 많은 사람들이 파리를 로맨틱한 도시라고 하는지 알 것 같다.

키스의 원조 명소는
파리 시청?

　파리에 로맨틱한 도시 이미지를 안겨주는 데 큰 기여를 한 사진이 있다. 바로 20세기 사진의 거장 로베르 두아노가 찍은 '파리 시청 앞 광장에서의 키스' 사진이다. 부드럽고 우아한 르네상스 양식의 파리 시청 건물을 배경으로 무심하게 오가는 행인들 속에서 감미로운 키스를 나누는 연인을 담아낸 이 한 장의 흑백사진은 〈라이프〉 잡지에 실려 퍼져나가 전 세계 숱한 연인들의 마음을 설레게 했다.

　당시 이 사진은 제2차 세계대전이 끝났다는 소식에 기뻐하며 키스하는 순간을 포착한 것이라는 후일담이 붙으며 더 유명해졌지만 이후 연출된 사진으로 밝혀져 논란이 일기도 했다. 사실 1950년에 찍은 것이니 제2차 세계대전 종전 시기와는 거리가 멀다. 오랜 시간이 흐른 후 작가가 파리의 연인을 찍어달라는 〈라이프〉의 요청으로 시청 앞 광장을 배회하다 발견한 커플에게 키스하는 포즈를 부탁해 촬영했다고 밝혔다. 이런 논란에도 이 사진은 포스터와 엽서 등을 통해 지금까지도 많은 이들이 기억하는 키스 사진으로 남아 있다. 또 다른 후일담으로 사진 속 여자가 작가로부터 받은 이 사진을 경매에 붙여 15만 5,000유로를 받고 팔았다는 얘기도 전해진다.

　정작 제2차 세계대전 종전 소식에 기쁨을 감추지 못하고 키스하는 순간을 포착한 사진은 따로 있다. 일본의 항복 선언 후, 뉴욕 타임스퀘어 거리에 쏟아져 나온 인파 속에서 한 수병이 간호사로 보이는 여인의

허리를 끌어안고 키스하는 모습을 담은 사진이다. '종전 키스'라 알려진 이 사진은 〈라이프〉 사진기자인 알프레드 아이젠슈테트의 카메라에 포착되었고 잡지에 게재되면서 유명해졌다. 그러나 사진 속 주인공이 누구인지는 오랫동안 밝혀지지 않았다.

30여 년이 흐른 뒤에야 한 여인이 사진기자에게 편지를 보내 사진 속 간호사가 자신이라고 밝혔다. 사진이 찍힐 당시 스물일곱 살이었다는 그녀는 알지도 못하는 남자와 그렇게 키스를 한 게 부끄러워 나서지 못했다고 하니 그녀도 나처럼 그때에는 그런 키스가 창피했던 모양이다. 그리고 2010년…. 그녀는 아흔한 살 깊은 노년의 나이로 세상을 떠났지만 20대 청춘의 아름다운 키스 장면을 영원히 남겨두었으니 그것도 부럽다.

모양도 다르고 사연도 다른
센 강의 다리들

파리의 역사를 말없이 보듬어온 센 강에는 37개의 다리가 놓여 있다. 센 강의 다리들은 저마다 모양도 다르고 사연도 다르다. 그 가운데 인상적인 다리를 꼽자면 알렉상드르 3세 다리를 포함해 몇 군데가 있다. "미라보 다리 아래 센 강이 흐르고 우리의 사랑도 흘러간다…"는 기욤 아폴리네르의 시를 통해 낭만의 다리로 부각된 미라보 다리 또한 센 강 하면 떠오르는 다리 중 하나다.

영화 〈퐁네프의 연인들〉로 인해 일약 '연인들의 다리'로 떠오른 퐁네프Pont Neuf는 400년 역사를 지니고 있어 센 강에서 가장 오래된 다리다. 그러나 역설적이게도 퐁네프라는 이름은 '새로운 다리'라는 뜻을 담고 있다. 다리가 세워질 당시 기존의 나무다리가 아닌, 돌을 사용한 새로운 양식으로 지었기에 붙은 이름이다. 그런데 퐁네프에서 노숙하는 남자와 시력을 잃어가는 무명화가 여인의 애절한 사랑을 담은 영화에 나오는 퐁네프는 사실 이 다리가 아니다. 교통 통제가 어렵다는 이유로 촬영 요청을 거부당해 별도의 세트를 지어 찍었기 때문이다. 그럼에도 퐁네프는 영화 상영 이후 연인들의 명소가 되었다. 시테 섬을 중심으로 남쪽에 5개, 북쪽에 7개의 아치 교각으로 이루어진 퐁네프는 반원형 돌출 부분에 만든 돌 의자에 앉아 센 강의 풍광을 구경하기에 안성맞춤이다.

'늙은' 연인들의 다리를 제쳐두고 근래 들어 연인들이 유독 많이 몰리는 다리는 퐁데자르Pont des arts다. 예술의 다리라는 애칭답게 1800년 초에 세워진 퐁데자르는 알베르 카뮈, 아르튀르 랭보 등 파리의 예술가들이 즐겨 찾던 곳이었고 지금도 기꺼이 거리의 화가와 연주자들의 무대가 되어준다.

보행자 전용 다리인 이곳에 연인들이 몰리는 건 '사랑의 자물쇠 다리'로 이름났기 때문이다. 파리에 온 연인들은 너 나 할 것 없이 이곳에 와서 사랑의 자물쇠를 채우고 다시는 풀 수 없게끔 열쇠를 강물에 던지며 영원한 사랑을 맹세한다. 2008년부터 그렇게 하나둘 채워지기 시작한 것이 수십만 개. 이제 갓 채운 듯 반질반질한 신참 커플의 것이 있는

가 하면 녹이 깊게 슨 것까지, 짐작되는 자물쇠의 나이도 다양하다. 녹이 슨 만큼 세월이 흐르면서 그 사랑을 지금까지 이어오는 연인도 있을 것이고 아쉽지만 한때의 추억으로 남은 이들도 있을 터다. 비록 영원히 이어질 것만 같던 사랑이 끊어졌다 해도 그래도 한때는 아름다웠던 사랑의 추억은 이 자물쇠 안에 영원히 담겨 있다. 모든 사랑이 다 이루어지는 건 아니지만 그들의 사랑이 다 아름답게 이어지면 좋겠다는 마음이 인다.

그러나… 전 세계 연인들이 달아놓은 그 사랑의 징표로 인해 다리가 몸살을 앓기 시작했다. 155미터에 이르는 다리 난간을 빼곡히 채우고도 모자라 자물쇠 위에 또 다른 자물쇠들이 줄줄이 채워져 쇠사슬처럼 되어버렸다. 묵직한 사랑은 좋지만 그 사랑이 사슬처럼 엉켜 짓누르면 곤란하다. 가득 찰수록 좋은 게 사랑이겠지만 그 사랑도 너무 지나치면 독이 되는 걸까? 퐁데자르는 너무나 많은 사랑을 채워둔 자물쇠의 무게를 이기지 못해 난간 일부가 무너졌고, 자칫 다리가 붕괴될 위험이 있다 하여 결국 다리로 접어드는 입구를 제외한 모든 속을 비워내야 했다. 그래서 이제 사랑의 자물쇠는 옆 다리에 그 옆 다리로 퍼져나가는 중이다. 그 다리들마다 설레는 마음으로 자물쇠를 거는 연인들은 여전히 많다. 자신들의 사랑을 사랑의 도시 파리에 남겨두는 것도 좋지만 진정 파리를 사랑한다면 마음의 자물쇠만 더 단단히 채워오면 어떨까 싶다.

1856년 크림전쟁에서의 승리를 기념하기 위해 세운 알마교Pont de

l'Alma는 교각에 당시 공을 세운 군인의 동상을 세웠는데 이를 통해 센 강의 수위를 측정했다는 다리다. 강물이 동상의 발목까지 차오르면 강변도로가 폐쇄되고 허벅지에 이르면 배를 통제했는데, 어깨까지 물이 오르면서 홍수가 난 적도 있다고 한다.

그러나 이 다리가 주목을 끈 건 비운의 왕세자비, 다이애나 때문이다. 1997년 여름, 그녀는 바로 이 다리 앞 지하차도에서 세상과 이별했다. 영국 찰스 왕세자와 올린 '세기의 결혼식'을 통해 전 세계인의 관심과 사랑을 받았던 다이애나 스펜서. 그러나 그녀의 결혼생활은 순탄치 않았고, 15년이 넘는 시간을 보낸 끝에 결국 이혼했지만 그녀에 대한 세상의 관심은 사그라지지 않았다. 그녀는 화려해 보이는 모습 이면의 외로움을 견뎌야 했고 자신의 일거수일투족을 쫓는 파파라치들의 속된 관심을 힘겹게 버텨내야 했다. 영화 〈노팅힐〉의 애나줄리아 로버츠처럼, 모두가 사랑했지만 한 여자로서 한 남자에게 사랑받고 싶었던 그녀는 1997년 8월 31일, 연인이었던 이집트 재벌 2세 도디 알 파예드와 함께 파파라치의 집요한 추격을 피하려 질주하다 사고를 당했고 파파라치들의 플래시 세례 속에 숨을 거둔다.

그녀가 떠난 지하차도 위 아담한 공간에는 '자유의 불꽃'이라는 기념비가 있다. 미국 독립 100주년을 기념해 프랑스가 선물한 자유의 여신상에 대한 답례로 또다시 100년 후 미국이 선물한 것이란다. 자유의 여신상이 든 횃불과 똑같은 크기로 만들어졌다는 이 '자유의 불꽃'이 지금은 불꽃처럼 살다 간 그녀를 추모하는 기념비 역할을 하고 있다. 불꽃 아래엔 많은 사람들이 가져다놓은 꽃이 수북하고 기념비에 붙은 사

진 속엔 그녀가 환하게 웃고 있었다. 그 모습에 어디선가 읽었던 그녀의 말이 떠오른다.

"사람들은 나를 마릴린 먼로와 비교하곤 해요. 하지만 난 그녀와 비교되고 싶지 않아요. 그녀가 빨리 죽어서가 아니라 사랑을 이루지 못하고 죽었기 때문이에요. 나는 이 세상에서 사랑을 이루고 싶어요."

그랬던 그녀가 마릴린 먼로처럼 그렇게 세상을 떠났다.

센 강의 다리 중 내가 가장 좋아하는 곳은 에펠탑 옆으로 뻗은 비르하켐 다리 Pont de Bir-Hakeim다. 비르하켐은 리비아 북부의 한 도시 명칭이다. 센 강에 왜 리비아의 도시 이름을 따온 다리가 있을까? 유럽을 뒤흔든 제2차 세계대전 당시 해상교통의 요지인 수에즈 운하를 노리던 독

일군과 연합군이 이 지역에서 치른 전투 때문이다. 당시 주력군도 아닌 데다 숫자도 몇 안 되는 프랑스 외인부대가 대규모의 독일군을 맞아 보름 동안 끈질기게 버티며 괴롭혔고, 비록 전투에서 패하긴 했지만 그들의 용맹한 대항이 패배의식에 싸인 프랑스인들에게 자부심을 안겨주었기에 이런 이름이 붙었다.

이 다리가 마음에 들어온 건 사연 때문이 아니라 순전히 그 모양새 때문이다. 보행로와 차도가 사이좋게 뻗은 다리 위로 전철이 오가는 철길을 얹은 독특한 구조가 눈길을 끈 것이다. 철로를 받치는 쇠기둥이 늘어선 가운데 보행로에 들어서면 아늑한 터널을 걷는 느낌이 들고 가장자리 보행로로 나와 고개를 들면 '은하철도 999'처럼 기차가 하늘을 나는 듯 '슝슝' 지나간다. 보는 위치에 따라 다양한 모습을 선보이는 이 다리는 영화 〈파리에서의 마지막 탱고〉에서 말론 브란도가 그 지독한 사랑을 시작하는 여인을 처음 만난 곳으로, 영화는 내 느낌처럼 다리의 모습을 여러 각도에서 보여준다.

다리 중간에는 아치형 전망대가 있다. 날개 달린 말을 타고 뱀처럼 구불구불한 칼로 에펠탑을 겨눈 듯 보이는 동상이 있는 이곳은 여느 곳에 비해 한적한 데다 무엇보다 코앞에서 에펠탑을 보기 좋은, 명소 중의 명소다. 그 다리에서 한 커플이 에펠탑을 배경으로 요리조리 자리를 옮겨가며 웨딩촬영을 하고 있었다. 세상에서 가장 행복한 순간을 담아내는 그들에게 축복의 의미를 담아 엄지손가락을 치켜들어주니 신부가 함박웃음으로 답례를 해준다.

Paris Sketch

파리는 지금
웨딩촬영 중

　파리에는 웨딩촬영 붐이 일고 있었다. 파리의 연인들뿐 아니라, 특히 중국 신랑신부들 사이에서 웨딩촬영지로 인기가 치솟아 파리 곳곳에서 웨딩촬영을 하는 커플의 모습이 심심찮게 눈에 띄었다. 우리가 잠시 머무는 동안에도 같은 장소에서 웨딩촬영 하는 모습을 적어도 하루에 대여섯 번은 본 것 같다. 그렇다면 다른 시간대의 그 장소와 그 시간대의 다른 장소에서 촬영하는 신랑신부들까지 합치면 대체 얼마나 많은 커플이 있을지 궁금하기까지 했다.

　그들의 행복한 웨딩촬영 중 유독 기억나는 두 장면이 있다. 먼저 알마교 밑 유람선 선착장인 바또무슈에서의 커플이다. 센 강을 배경으로 촬영에 한창인 그들에게 사진을 찍어도 좋겠냐고 물었더니 흔쾌히 '오케이' 해준다. 그리고 남편이 커플 뒤로 보이는 강 건너편의 에펠탑이 좀 더 잘 보이게끔 군대식 '엎드려 쏴' 자세로 바닥에 배를 깔고 사진을 찍으니 신부 아버지는 그런 남편의 모습이 재밌는지 오히려 남편의 모습을 찍는다. 나는 또 남편을 찍는 그 아버지의 모습이 재미있어 휴대폰을 열어 찍으려 했지만… 한발 늦고 말았다.

　또 한 장면은 루브르 박물관에서다. 박물관도 좋지만 나는 '루브르의 밤'이 더 좋다. 길게 늘어섰던 관광객의 줄이 사라지고 어둠이 내리면 노르스름한 가로등 불빛에 싸여 박물관 앞을 부드럽게 휘감아 도는 밤거리가 참 예쁘다. 박물관 내부보다 외부의 밤 풍경이 더 좋았던 건 박물관의 속사정 때문인지도 모른다. 수십만 점의 소장품을 자랑하지만 남의 나라에서 강제로 약탈해온 장물이 대부분이니 이를 감상하는 속내도 씁쓸하거니와 마음대로 발걸음 떼기가 힘들 만큼 엄청난 인파로 인해 작품을 음미하기는커녕 사람들의 뒤통수만 보는 것에 질려버린 탓도 있다.

아무튼 낮의 소란스러움과 달리 한적함이 깃든 피라미드에 은은한 조명이 빛을 발할 즈음, 어디선가 빨간 드레스를 입은 중국인 신랑 신부가 들어와 웨딩촬영을 시작했다. 은은한 피라미드를 배경으로 다양한 포즈를 취하는 신부의 몸동작에 따라 나풀거리는 빨간 드레스가 루브르의 밤을 매혹적으로 수놓는 것 같았다. 얼마 지나지 않아 또 한 쌍의 중국인 신랑신부가 나타나 바로 옆에서 웨딩촬영을 시작했다. 공교롭게도 그 신부의 드레스 또한 빨간색이다. 신부의 얼굴은 달랐지만 나

풀거리는 빨간 드레스만큼은 차별성 없이 둘 다 비슷해 보인다. 두 쌍의 신랑신부는 서로 신경이 쓰이는 듯 잠깐잠깐 멈추었다가 비슷한 포즈로 양쪽에서 이리저리 사진을 찍었다. 그 모습을 보니 갑자기 로맨틱 무드에서 코믹 무드로 전환된 느낌이었다.

유명작가들이 드나든
낭만 가득한 고서점

　루브르 박물관 건너편 강변 산책로에는 오르세 미술관 즈음부터 시테 섬 끝자락에 이르는 길목까지 '부키니스트'라 칭하는 노점거리가 펼쳐진다. 초록빛 가판대가 줄줄이 놓인 이곳에선 빛바랜 헌책과 LP 음반, 그림, 엽서 등을 판다. 100년의 세월을 넘어 지금까지 이어져오는 이 거리는 그 시절의 유명작가들이 드나들던 추억의 거리이기도 하다.

　그 강변길 한 귀퉁이에 유서 깊은 고서점 '셰익스피어&컴퍼니'가 있다. 1919년 문을 연 이곳은 20세기 최고의 문학작품으로 꼽히는 제임스 조이스의 《율리시스》를 탄생시킨 장소다. 당시 외설 시비에 휘말려 출간이 금지되었지만 배짱 좋게 펴내 세상의 빛을 보게 한 것이다. 또한 그 시절 책 살 돈이 없어 이곳에서 책을 빌렸다는 헤밍웨이의 고백처럼 예술을 사랑한 서점 주인은 잇속을 챙기지 않고 가난한 문인들에게 책을 빌려주었다. 앙드레 지드 또한 이곳에서 끊임없이 책을 빌려갔다고 한다. 뿐만 아니라 누구든 책을 읽고 글을 쓸 수 있도록 별도 공간까지 마련해 문학의 열정을 지필 수 있는 불씨가 되어주었다. 이 서점이 앙드레 지드와 헤밍웨이, 피츠제럴드, T. S. 엘리엇 등 당대 최고 문인들의 사랑방으로 명성이 높아진 건 결코 우연이 아니다.

서점 안에 발을 들이면 오랜 세월 묵혀온 책 특유의 냄새가 콧속으로 훅 스며든다. 한 사람이 겨우 지날 만큼 좁은 통로를 사이에 두고 천장까지 빼곡하게 들어찬 책들 가운데에는 헤밍웨이나 앙드레 지드의 손길이 닿은 것도 있을 터다. 통로보다 더 좁은 계단을 따라 다락방 같은 2층으로 올라가면 그 옛날 작가들이 사용했던 책상과 타자기, 침대가 그대로 놓여 있다. 그곳에는 누군가가 끄적거린 시와 편지글, 낙서들이 가득하다. 어쩌면 지금 이곳을 드나드는 수많은 이들 중에서 훗날 유명 작가들이 속속 등장할지도 모른다.

침대 맞은편에는 누구든 앉아 연주할 수 있게 낡은 피아노도 놓여 있다. 그곳에서 한 젊은 남자가 앉아 피아노를 치고 있었다. 아담한 방 안을 가득 메운 부드러운 피아노 선율 속에 내 집 안방처럼 느긋하게 앉아 책을 읽는 또 다른 남자의 모습이 더없이 평온해 보인다.

〈비포 선라이즈〉의 낭만과
〈비포 선셋〉의 로맨스

'셰익스피어&컴퍼니'는 영화 〈비포 선셋〉의 첫 장면에 등장했던 곳이기도 하다. 〈비포 선셋〉은 숱한 청춘들에게 유럽여행에 대한 환상을

심어준 영화 〈비포 선라이즈〉의 속편이다. 풋풋한 20대 시절 기차에서 우연히 만나 서로에게 호감을 느낀 제시에단 호크와 셀린느줄리 델피. 그들은 예정에 없던 도시 비엔나에 내려 하룻밤을 보내고 6개월 후를 기약하며 헤어진다. 그렇게 궁금증을 남긴 채 끝을 맺은 영화는 9년이란 적지 않은 시간을 흘려보낸 후에야 〈비포 선셋〉을 통해 그 후의 이야기를 공개한다.

셀린느와의 하룻밤 러브 스토리를 담은 소설로 베스트셀러 작가가 된 제시가 '셰익스피어&컴퍼니'에서 저자와의 대화를 마치고 서점 밖을 나선 순간, 9년 전 그 여인이 눈앞에 서 있다. 그 여인이 묻는다.

"6개월 뒤에 갔었어?"

이렇게 묻는 건 여자는 6개월 뒤 약속 장소에 없었다는 얘기다. 이에 남자도 안 갔다고 대답한다. 둘 다 약속을 어긴 거니 '쌤쌤'이련만 여자는 대뜸 자신은 할머니 장례식 때문에 '못' 갔지만 너는 왜 '안' 갔냐고 추궁한다. 남자의 야릇한 웃음에 안 갔다는 게 거짓임을 알아차린 여자가 비로소 기분을 푼다. 사람 마음이 그렇다. 나도 그렇듯 특히 여자는 더….

오랜 시간이 지나 우연히 만난 옛사랑 앞에서 옛 모습 그대로 보이고 싶은 마음…. 이 또한 대체로 여자가 더 민감하다. 여자는 지금의 자신이 9년 전 만났던 남자에게 어떻게 보이는지 궁금하다. 질끈 묶었던 머리를 슬쩍 풀어 매만지며 "많이 변했지?" 묻는다. 그리고 "얼굴이 좀 빠졌네"라는 남자의 말에 "그땐 내가 뚱뚱했어?"라며 괜한 심통을 부린다.

"며칠 전에 악몽을 꿨어. 꿈에 내 나이가 서른둘인 거야. 놀라서 깨보니 스물셋이더군. 안심했지. 헌데 진짜로 깨보니 서른둘인 거야…."

아무리 꿈을 꿔본들 남자를 처음 만났을 때의 나이 스물셋은 마음으로만 남아 있을 뿐이다.

앞뒤 재지 않고 열정을 태울 수 있었던 20대가 아닌, 현실을 무시할 수 없는 30대가 되어버린 여자와 남자. 그러나 그와 보낸 하룻밤에 모든 열정을 쏟아 부었던 여자는 결혼한 몸으로 나타난 남자가 야속하다. 반면 작가로서 성공했고 결혼도 한 남자는 아들과 있을 때만 행복하다.

그날 이후 상처받기 싫어 사랑 따위 믿지 못하게 된 여자에게 그 여자의 열정을 다 가져가버린 남자가, 네가 오지 않았던 그날 내 꿈같은 사랑은 거기에 두고 왔기에 오래전에 포기했다는 남자가 다시 다가서면, 이런 걸 두고 로맨스니 불륜이니 입방아 찧을 수 있는 걸까?

'Every day is our last…'

단 한 번뿐인 인생이니 '매일매일이 우리의 마지막…'이라는 남자의 마지막 말이 가슴 깊게 파고든다. 한 번 넘긴 책장은 다시 돌려볼 수도 있다. 하지만 인생이란 책은 그럴 수가 없다. 매일매일이 우리의 마지막이라는 말은 내내 머릿속을 맴돌며 장 파울의 명언을 생각나게 했다.

"인생은 한 권의 책과 같다.

어리석은 이는 그것을 마구 넘겨버린다.

하지만 현명한 이는 열심히 읽는다.

인생이란 책은 단 한 번만 읽을 수 있다는 것을 알기 때문이다."

나는 열정적인 사랑을
갈망하는 사람?

어느 여름날, 마트에서 먹을거리를 잔뜩 사 가는 20대 청춘 남녀들을 보았다. 여행을 앞둔 그들의 얼굴은 한껏 달아오른 것처럼 보였다. 그럴 만도 하겠지. 그들에겐 저마다 나름의 설렘이 있을 터. 그 무리 속에 마음에 둔 상대라도 있다면 그 여행이 얼마나 더 설렐까? 순간 "좋을 때다"라는 소리가 나도 모르게 새어나왔다. 얼마나 좋을 땐가? 나도 그랬던 시절이 있었는데….

시간이 흐르며 열정이 식는 건 당연하지만 열정이 식은 사랑은 아무래도 심심하다. 맛이 없다. 그래서 지금도 아주 가끔은 이런 생각을 한다. 무수한 시간을 함께한 남편이 옆에 있는 게 아니라면 〈비포 선라이즈〉처럼 여행 중에 혹여나 괜찮은 남자를 만날 수도 있지 않을까 하는 묘한 설렘 같은…. 하지만 어느 유행가 가사처럼 '이제 와 새삼 이 나이에…' 그럴 만한 마음도 용기도 없거니와, 내가 하면 로맨스요 남이 하면 불륜이라는 얄궂은 말장난에 오르내리고 싶지도 않다.

그즈음 어느 날 한 친구가 카톡을 통해 숫자를 잔뜩 보내왔다. 그리고 그중 마음에 드는 숫자를 골라보라고 했다.

'4739 3636 2577 8968 1717 2424 8886 5678 4619 2157 3445 4321 1212 6226 5151'

뜬금없이 보내온 숫자를 들여다보며 뭔지도 모르면서 막상 고르자니 그것도 괜히 신경이 쓰였다. 나름 심혈을 기울여 하나를 고르고 나

니 잠시 후 숫자에 대한 궁금증을 풀어주는 문구가 "카톡~"하는 소리
와 함께 들어왔다. '미국 타임지가 추천한 거로 아주 정확하답니다~~'
라는 부연 설명과 함께 들어온 문구는 이랬다.

4739 부모님께 효도하는 사람

3636 일탈을 갈망하는 사람

2577 색기가 많으나 용기가 없는 사람

8968 일을 매우 잘하는 사람

1717 열정적인 사랑을 갈망하는 사람

2424 매우 감정적인 사람

8886 일에 대해 자신만의 견해를 가진 사람

5678 성실한 사람

4619 매우 교양 있는 사람

2157 매우 바람기 있는 사람

3445 의리 있는 사람

4321 불륜을 갈망하는 사람

1212 '원 나잇'이 있었던 사람

6226 이성을 매료시키는 사람

5151 세세한 면을 잘 보고 기회를 제대로 잡는 사람

내가 고른 숫자는 1717. 풀이대로 보자면 나는 열정적인 사랑을 갈망
하는 사람이다. '헐~' 아무래도 내 속 어딘가에 그럴 용기는 없지만 열

정적인 사랑을 해보고 싶은 마음이 깊숙하게 박혀 있긴 한 모양이다. 한데 또 다른 친구도 그 숫자를 받았던지 내게 이런 문자를 보내왔다. '내가 바람기 있어 보이니?' 그 친구가 골랐던 숫자는 2157이었던 모양이다. 그런데 이건 정말로 '헐~ 헐~'이다. 그 친구는 수녀다.

커피향과 빵 냄새 가득한
파리 골목길

아무튼 이야기가 많은 서점에서 시작한 영화라서일까? 〈비포 선셋〉은 잠시도 대화가 끊이질 않는다. 서점에서 만나 여자의 아파트에 도착할 때까지 시시콜콜한 것부터 삶의 철학, 사랑과 섹스에 대한 솔직한 얘기들이 멈추지 않는 폭포수처럼 쏟아져 나온다. 귀담아들을 말도 많은 그 얘기를 쫓아가다보면 그들 뒤로 파리의 거리들이 스쳐 지나간다. 대화에 집중하라고 그런 건지 그들이 거닌 파리의 거리는 일요일 아침 풍경처럼 한적하고 눈에 띌 만한 것은 별로 없다. 그럼에도 그들이 스쳐간 파리의 거리는 아름답다.

같은 파리지만 여행자의 파리와 사는 이들의 파리는 다르다. 익숙하면 지나치지만 새로우면 눈여겨보게 된다. 내 것이 아닌 거에 대한 호기심이랄까? 누군가의 바쁜 일상이 또 다른 일상에서 벗어난 느긋한 여행자의 시선으로 바라보면 새로운 볼거리가 된다. 여행이 주는 감정이다.

어디선가 보니 '세 집 건너 한 집이 빵집이요, 두 집 건너 한 집이 카페'라는 농담이 돌 정도로 파리에는 카페가 정말 많다. 그러다 보니 발걸음을 옮길 때마다 곳곳에서 진한 커피향이 솔솔 풍겨난다. 파리지앵들에게 있어 카페는 그들의 일상이자 산소 같은 공간이다. 출근길에 커피 한 잔 홀쩍 마시고 가거나 아침부터 홀로 카페에 앉아 커피를 마시며 느긋하게 신문이나 책을 보거나 담배 한 대 피워 물고 거리를 물끄러미 쳐다보는 이들이 부지기수다. 또한 늦은 밤, 골목길 모퉁이 카페의 아련한 불빛 아래 앉아 두런두런 얘기를 나누는 사람들의 모습은 그대로 고흐의 그림 〈아를의 포룸 광장의 카페 테라스〉에 나오는 풍경이 된다.

우리 민박집 바로 앞에도 카페가 있었다. 크루아상과 에스프레소는 파리 사람들의 일상적인 아침식사다. 우리도 아침마다 집 앞 카페에 앉아 진한 커피향이 감도는 에스프레소와 갓 구워내 부드럽고 고소한 크루아상을 먹었다. 매일같이 들렀던 카페의 여직원은 우리를 알아보고 올 때마다 환한 웃음으로 반겨주며 주문하지 않아도 알아서 크루아상과 앙증맞은 잔에 담긴 에스프레소를 내왔다. 그러다 보니 나도 잠시나마 그들처럼 파리지앵이 된 것 같은 느낌이었다.

그렇게 가벼운 파리식 아침을 먹으며 카페 앞에 조르르 놓인 좁은 테이블에 앉아 있으면 파리지앵의 아침 일상을 고스란히 보게 된다. 좁은 도로에 줄을 이은 차들 사이사이로 정장 차림에 오토바이나 자전거를 타고 가는 사람들… 여름 끝을 지나 가을로 접어들면서 다소 쌀쌀해진 아침 기운에 두터운 가죽점퍼를 입은 사람이 있는가 하면, 아직도 얇은

민소매에 미니스커트 차림으로 경쾌하게 걸어가는 사람도 있다. 언뜻 내 눈 속에 들어왔다 나가는 사람들에 대한 궁금증이 생긴다. 저 사람은 지금 어떤 삶을 살아갈까? 어떤 사랑을 하고 있을까? 저렇게 가면서 무슨 생각을 할까?

또한 좁은 길거리 한 켠에 다닥다닥 붙어 있는 소형차들은 그야말로 '예술주차'다. 차를 뺄 때는 앞으로 슬쩍 뒤로 슬쩍 앞뒤 차의 범퍼를 밀어 공간을 만들어내 출발한다. 범퍼에 살짝 닿기만 해도 문제 삼고 시비가 붙는 우리나라와는 아주 다른 풍경이다.

하루 종일 파리 거리를 헤매고 다니다 늦은 밤 돌아올 때마다 집 앞 카페는 여전히 불을 밝히고 있었다. 그 포근한 불빛이 늦은 밤 집에 들어오는 자식을 푸근하게 맞아주는 엄마 품 같기도 했다. 우리가 묵은 민박집은 1900년대에 지은 전형적인 파리의 아파트다. 높은 키에 굳게 닫힌 육중한 문을 열고 들어가면 안쪽에 아늑한 정원이 있다. 외관만 보면 우리네 아파트처럼 건물만 있는 것 같은데 그 안에 생각지도 못한 정원이 숨어 있었다. 대문을 지나면 다시 진짜 건물 안으로 들어가는 문이 나온다. 그 문을 거치면 몇 걸음 안 가서 또 하나의 공동 현관문을 통과해야 한다. 그리고 소라껍질 속처럼 둥글게 감아 올라가는 계단을 올라 민박집 현관문을 지나면 우리 방에 들어서게 된다. 카페 앞의 대문에서 우리가 사용하는 방까지 들어서려면 이렇게 5개의 문을 통과해야 했다.

건물 실내는 천장이 아주 높다. 천장만 높은 게 아니라 화장실 변기도 높아 키 작은 내가 걸터앉으면 발이 바닥에 닿지 않았고 세면대도

까치발을 해야만 가능했다. 오래된 건물이라 늦은 밤엔 물소리가 커서 샤워도 조심스레 해야 했다. 호텔에 비하면 다소 불편했지만 며칠을 반복하다 보니 서서히 익숙해지면서 불편함도 가셨다. 한편으론 100여 년 전부터 파리지앵들이 살아왔던 그곳에서 그들처럼 드나들고 그들이 사용하던 것들을 고스란히 접하고 보니 호텔과는 사뭇 다른 게, 아침의 카페에서처럼 또다시 파리지앵이 된 것 같은 착각이 들기도 했다. 게다가 가끔 그림을 좋아하는 안주인이 내온 와인을 마시며 이런저런 얘기를 나누다 보니 어느새 내 집처럼 편안하게 느껴졌다.

말만 잘해도
돈 버는 카페

나는 아침에 눈을 뜨자마자 커피부터 마시는 커피귀신이다. 커피를 마시는 것도 좋지만 커피를 내릴 때 집 안에 퍼지는 그 은은한 향이 좋다. 결혼할 때 남편은 '사막의 물이 메마르는 그날까지' 매일 아침 내게 모닝커피를 타주기로 하객들 앞에서 맹세를 했다. 그래서 한동안 '지금도 커피를 타주냐'고 묻는 사람들이 많았다. 남편은 결혼 후 그 맹세를 지키기 위해 매일같이 커피를 타주었다. 결혼 초기에는 어디 여행을 가면 직접 커피를 내려주진 못해도 여관의 믹스커피나, 그나마도 없으면 인근에 있는 자판기에서 커피를 뽑아다 주었다.

그렇게 몇 년간은 매일같이 커피를 타주다가 언젠가부터 아주 가끔

빼먹곤 했다. 그리고 얼마의 시간이 지나니 자주 빼먹는다. 그리고 시간
이 더 지나면서 이젠 어쩌다 한 번씩 타준다. 10여 년의 세월이 흘렀으
니 그만큼 했으면 오래도 지켰다 싶어 그러려니 했는데 파리 여행을 다
녀온 후 다시 거의 매일 커피를 타준다. 그 커피 한 잔이 아침부터 기분
을 좋게 한다.

　하루 한 가지씩 상대방을 위해 가볍게 해줄 수 있는 것을 약속하고
실행해보는 것도 좋으리라. 별것 아닌 사소한 것이라도 매일 무언가를
해준다는 건 사실 여간한 정성과 마음 씀이 아니고선 쉽지 않은 일이
다. 그러기에 더욱 고맙고 소중함을 느끼게 된다.

그러고 보면 말 한마디도 마찬가지다. 흔히 우스갯소리로 남편이 무슨 기념일에 꽃을 선물하면 "아유 난데없이 꽃은 무슨… 그냥 현금으로 주지"라는 말을 해서 김빠지게 한다는데 기왕에 사온 꽃, 빈말이라도 꽃보다 예쁜 인사치레를 하면 혹시 알랴? 현금까지 얹어줄는지….

'셰익스피어&컴퍼니' 인근의 경찰역사박물관이 있는 교차로에는 파리에서 유명하다는 장미꽃 가게가 있다. 가게 앞에는 싱싱하고 빛깔 고운 장미꽃들이 예쁘게 진열되어 있었다. 그 앞에서 갑자기 남편이 "잠깐만" 하더니 가게 안으로 들어가선 한참 동안 나오질 않는다. 가게 안에 예쁜 꽃들이 더 많으니 주인의 양해를 구하고 사진을 찍나보다 했는데 웬일로 작은 장미꽃 화분 하나를 들고 나온다. 여행 기념 선물이란다. 들고 다니기에 좀 불편하겠지만 불현듯 주고 싶은 마음이 들어 샀다며 건네준다. 남편의 갑작스런 꽃 선물에 어색하기도 했지만 행복했다. 그러나 동시에, 남편 말처럼 가방에 넣을 수도 없는 꽃 화분을 하루 종일 들고 다닐 생각을 하니 "아, 이걸 지금 사주면 어쩌라고…' 하는 소리가 튀어나올 뻔했다. 하지만 "오~ 로맨티스트야~~"라며 남편의 어깨를 으쓱하게 해주었으니 다행이다.

'말하는 게 돈 드는 것도 아닌데'가 아니라 말 한마디로 돈을 번다. 아닌 게 아니라 누군가 인터넷에 올린 글을 보니 프랑스의 휴양도시 니스의 한 카페에 이런 가격표가 붙어 있단다.

  * Coffee! 7 Euro.
  * Coffee Please! 4.25 Euro.
  * Hello Coffee Please! 1.4 Euro.

왕비의 정원에서 맛보는
달콤한 여유

　파리 여행 중 우리는 가끔 뤽상부르 공원에 들르곤 했다. 관광객들로 번잡한 곳에서 잠시 벗어나 휴식을 취하기에 좋았기 때문이다. 뤽상부르 공원은 루브르 궁전을 싫어했던 프랑스 왕비 마리 드 메디시스1573~1642가 고향을 그리워하며 이탈리아 양식의 뤽상부르 궁전을 지은 후 프랑스식 정원으로 꾸민 공원이다. 400세를 훌쩍 넘긴 궁전은 여전히 쌩쌩하고 우아한 자태를 자랑하며 프랑스 상원의원 건물로 사용되고 있다. 1778년 궁전이 처음으로 일반인에게 공개된 후 이 넓은 공원은 파리지앵들이 가장 사랑하는 휴식처가 되었다.

　마리 드 메디시스는 앙리 4세1553~1610의 두 번째 부인이다. 첫 번째 왕비는 마그리트 드 발루아1553~1615로, 알렉상드르 뒤마의 소설을 바탕으로 한 이자벨 아자니 주연의 영화 〈여왕 마고〉로 잘 알려진 인물이다. 제목에는 '여왕'이 붙어 있지만 실제 그녀가 여왕이 된 적은 없다. 남편이 온전한 프랑스 왕이 되기 이전, 나바라 왕국의 왕비이자 프랑스 왕의 여동생으로 정치적으로 중요한 역할을 했기에 그녀의 애칭을 빌어 여왕 마고라 칭했을 뿐이다.

　예나 지금이나 사랑만으로 결혼한다는 게 쉽진 않은 모양이다. 앙리 4세와 두 왕비의 결혼은 세 사람 모두에게 비극이었고 파란만장했다. 무엇보다 하나같이 사랑 없는 정략결혼이었고 특히 마그리트 드 발루아와 앙리 4세는 종교 갈등의 희생양이었다. 당시 프랑스는 가톨릭을 믿는 구교와 개신교를 받아들인 신교 세력으로 양분되어 목숨 걸고 싸우는 종교분쟁이 치열한 때였다. 이것이 곧 36년간 지속된 위그노 전쟁1562~1598이다. 위그노란 신교도를 일컫는 명칭이다. 이때 프랑스의 실질적 권력자는 남편인 앙리 2세가 죽은 후 어린 아들샤를 9세 대신 섭정을 하던 어머니 카트린 드 메디시스다.

남부럽지 않은 외모에 끼도 다분했던 마그리트가 사랑에 빠진 이는 당시 자타가 공인하는 프랑스 제일의 귀족 기즈 공작이었다. 하지만 카트린은 딸의 사랑을 무시하고 프랑스의 한 분파인 나바라 왕국의 앙리 드 나바라앙리 4세와의 결혼을 강력하게 추진한다. 카트린은 구교의 수장으로 잘난 척하는 데다 야심도 많은 기즈 공작이 공주인 자신의 딸과 결혼해 정치적으로 더욱 강력해지는 걸 원치 않았다. 하여 신교와 구교의 화합이란 허울 좋은 명분을 앞세워 신교의 수장인 앙리 드 나바라를 사윗감으로 내세웠다. 앙리 드 나바라의 모친인 잔 달브레 또한 가톨릭 신자를 며느리로 맞는 게 탐탁지 않았으나, 이득이 더 많다고 여겼던 가신들의 요청에 결국 결혼을 수락했다.

이미 다른 남자와 사랑에 빠진 마그리트는 외모도 자신의 스타일이 아닌 데다 개신교도와 결혼하는 것이 불쾌했고, 앙리 드 나바라 또한 정략결혼이 달갑지 않았다. 하지만 두 사람 모두 막강한 권력을 지닌 어머니들이 밀어붙이는 데야 어쩔 도리가 없었다. 이처럼 당사자들의 의사와 무관하게 이루어진 결혼은 구교와 신교의 화합이라는 겉모양새를 갖췄지만 속내는 역시나 물과 기름이었다.

그들의 결혼은 처음부터 삐걱거렸다. 결혼을 확정 짓고 나니 이젠 결혼식이 또 문제였다. 가톨릭 방식으로 할 것이냐, 신교 스타일로 치를 것이냐를 두고 팽팽하게 맞섰다. 결혼식 절차만큼은 물러날 생각이 없었던 잔 달브레는 카트린을 만나 확실하게 매듭짓고자 파리로 건너갔다. 하지만 그녀는 파리에서 급작스럽게 의문사하고 만다. 그녀의 죽음을 두고 19세기까지만 해도 암암리에 카트린이 보낸 독 묻은 손수건 때문인 것으로 여겨졌으나, 이후 잔 달브레의 지병이던 폐결핵이 사인이었다는 주장도 제기되고 있다.

뜻하지 않은 어머니의 죽음으로 수백 명의 수행원과 함께 파리에 입성한 앙리 드 나바라는 1572년 여름, 상복을 입고 결혼식을 치르게 된다. 그러나 그는 추기경이 집전하는 결혼식장인 노트르담 대성당 안으로 들어가지 않고 성당 문 앞에서 결혼식을 올릴 것을 고집했다. 성당 안에 있던 마그리트 또한 "그대는 앙리 드 나바라를 남편으로 맞이하겠는가?"라는 주례자의 물음에 답이 없었다. 보다 못한 오빠 샤를 9세가 억지로 고개를 끄덕이게 하여 겨우 승낙의 의사를 표현했다. 스무 살 동갑내기는 이렇듯 각기 다른 장소에서 '결혼인 듯 결혼 아닌 결혼 같은' 요상한 예식을 마치고 부부가 되었다.

그러나 두 사람은 자신들의 결혼식이 잔혹한 학살을 부르는 계기가 될 줄은 미처 몰랐다. 결혼식 축하연이 행해지던 날이자 성 바르톨로메오의 축일인 8월 24일 밤, 기즈 공작이 앙리 드 나바라의 오른팔인 콜리니 제독을 살해한 것을 시작으로 결혼식을 보러 파리로 몰려온 수천 명의 신교도들이 구교도들에게 살해당한 것이다.

프랑스 역사상 가장 잔인한 대학살이 벌어진 후 궁정에 억류된 새신 랑 앙리 드 나바라는 강요에 의해 구교로 개종할 수밖에 없었다. 감금 생활 도중 그나마 자신에게 호의적이던 샤를 9세가 죽고 그의 동생 앙 리 3세가 즉위하자 그는 호시탐탐 탈출 기회를 노렸다. 결국 4년간의 감금 생활 끝에 사냥터에서 극적으로 탈출한 그는 다시 신교의 수장이 되어 세력을 키워나갔다. 이로 인해 다시금 피를 부르는 종교 갈등이 걷잡을 수 없을 만큼 확산되었고 왕실은 이를 통제하지 못했다. 종교전 쟁을 통해 위세를 떨치던 기즈 공작은 노골적으로 왕권을 무시했고 이 에 위기감을 느낀 앙리 3세는 결국 기즈 공작을 암살하고 만다.

하지만 앙리 3세 역시 이듬해인 1589년, 광신적인 가톨릭 수사에게 암살당하면서 앙리 드 나바라는 앙리 4세로 프랑스 왕이 된다. 그러나 신교도인 앙리 4세를 프랑스 왕으로 인정할 수 없었던 가톨릭교도들이 격렬하게 대항하며 그의 파리 입성을 거부했다. 그러자 어떻게든 그 갈 등을 잠재우기 위해 앙리 4세는 다시금 구교로 개종하면서 1594년, 비 로소 대관식을 치르고 정식으로 프랑스 왕위에 올랐다. 앙리 4세의 개 종은 신교도들에게 적지 않은 반감을 샀지만 1598년 구교와 신교 모두 를 허용하는 낭트칙령을 반포함으로써 30년 이상 지속된 위그노 전쟁 을 종결시켰다.

"하느님은 내 왕국의 모든 국민들이 일요일이면 닭고기를 먹길 원하 신다."

당시 앙리 4세가 남긴 유명한 말이다. 국민들이 일요일마다 닭고기를 먹을 수 있을 만큼 풍족한 삶을 이끌어주는 신이라면 구교나 신교나 상관없다는 생각에서 비롯된 것으로, 이로 인해 풍요를 상징하는 닭이 프랑스의 상징이 되었다.

지긋지긋한 종교전쟁을 매듭지은 앙리 4세는 내전으로 만신창이가 된 경제를 복구해 먹고살 만한 나라로 만들었기에 '앙리대왕'이라는 별칭을 얻을 만큼 국민에게 인기가 높았지만 가정사는 불행했다. 결혼 후 같이 산 날보다 별거 기간이 더 길었던 두 사람은 자식도 없이, 무늬만 부부일 뿐이었다. 그게 원인이었을까? 앙리 4세는 역대 프랑스 왕 중 으뜸가는 바람둥이였고, 그런 면에서는 마그리트도 만만치 않았다. 훗날 마그리트 회상록에 의하면 그녀에겐 50여 명의 애인이 있었을 뿐만 아니라 두 오빠와 근친상간까지 범했다고 알려져 있으니 말이다.

숱한 염문을 뿌리고 수십 명의 애첩을 둔 앙리 4세가 그중 가장 사랑했던 여인은 가브리엘 데스트레1571~1599다. 푸른 눈동자를 지닌 '꿀피부' 미인인 그녀는 18살이나 많은 왕을 쥐락펴락할 만큼 머리도 좋았다. 앙리 3세 사망 후 왕이 됐지만 권위를 인정받지 못하고 전전긍긍할 때 구교로 개종할 것을 권유해 대관식을 치르게 한 이도 바로 가브리엘이다. 앙리 4세와의 사이에 세 명의 아이를 둔 가브리엘은 왕의 공식적인 여행에 동참하면서 애첩을 넘어 사실상의 아내 역할을 했다.

그런 가브리엘을 왕비로 삼고 싶었기에, 앙리 4세는 후계 문제를 이유로 마그리트에게 이혼을 요구했다. 하지만 남편의 속셈을 안 마그리트는 이를 받아들이지 않다가 결국 1599년에 왕비의 칭호를 그대로 유지한다는 조건하에 이혼을 했다. 그럼에도 가브리엘은 끝내 왕비가 되지는 못했다. 넷째 아이를 임신한 상태에서 급작스럽게 죽었기 때문이다. 비록 살아서 왕비가 되진 못했지만 그녀의 장례식은 왕비 대우로 성대하게 치러졌다.

그 이듬해 왕비 자리에 앉은 이가 바로 마리 드 메디시스다. 사랑을 잃은 앙리 4세가 선택한 것은 또 다른 사랑이 아닌 실리였다. 이탈리아 피렌체를 넘어 유럽의 돈줄을 쥐고 있는 메디치 가문의 딸이 들고 온 막대한 지참금은 프랑스로선 짭짤한 수익이었다. 이렇듯 각기 돈과 권력을 탐해 이루어진 이 정략결혼 또한 행복할 리 만무하다. 마리 왕비는 남편의 수많은 정부들과 신경전을 벌여야 했고, 말이 안 통하니 답답했고, 밖으로만 눈을 돌리는 남편으로 인해 고독했다. 그 허전함을 달래준 건 값비싼 보석뿐이었다. 그래도 전 왕비 마그리트보다 형편이 나았던 건 왕위를 이을 아들을 줄줄이 낳아 자신의 입지를 굳혔다는 것이다.

그리고 정치적·종교적 문제로 늘 암살 위험에 노출되어 있던 앙리 4세가 결국 1610년 파리 거리에서 광신적인 구교도의 칼에 맞아 비명횡사하면서 그녀는 왕위를 물려받은 아홉 살의 어린 아들 루이 13세를 대신해 섭정을 하게 된다. 마리는 앙리 4세가 기용했던 사람들을 몰아내고 자신의 고향에서 데려온 이를 내세워 정치를 뒤엎기 시작했다. 가톨릭 신자였던 그녀는 간신히 매듭지은 구교와 신교 간의 싸움을 다시금 부추겼고 적대적 관계였던 스페인 왕실과 손을 잡았다. 마리 드 메디시스가 뤽상부르 궁전을 지은 것도 이즈음이다.

왕비의 이런 행보는 정치에 눈을 뜨기 시작한 아들 루이 13세와 귀족들의 불만을 키웠고, 급기야 1617년 궁정 쿠데타로 왕권을 장악한 루이

13세는 마리의 측근을 처형시키고 어머니를 블루아 성에 유폐시켰다. 그러나 얼마 후 성에서 탈출한 그녀는 루이 13세의 동생을 앞세워 재기를 꿈꾸며 아들과 대립했지만 그 아들에게 쫓겨나 10여 년간 쓸쓸한 말년을 보내다 1642년에 쾰른에서 사망했다.

루브르 박물관에는 '마리 드 메디시스의 생애'를 담은 21개의 연작이 걸려 있다. 이는 마리 드 메디시스가 뤽상부르 궁전의 회랑 장식을 위해 당시 최고 궁정화가였던 루벤스에게 주문한 것이다. 그림이 그려진 시기는 그녀가 아들 루이 13세와 권력 다툼을 하던 때 1621~1625로, 자신의 일생을 화려하고 영광스럽게 미화시킨 것으로 유명하다. 이를테면 연작 중 가장 대표적인 작품 '마르세유에 도착하는 마리 드 메디시스'는 프랑스의 왕비가 되기 위해 마르세유 항구에 도착하는 모습을 담았다. 그림에는 금빛 드레스를 입은 도도한 자태의 그녀를 열렬히 환대하는 것으로 표현되었지만, 실제로 돈 때문에 타국의 여인을 왕비로 맞아야 하는 프랑스인들의 마중은 지극히 평범했다.

르네상스 시대 이후 정략결혼의 경우 신랑 측은 먼저 예비 신부의 초상화를 건네받는 게 관습이었다. 요즘에도 '누구세요?' 소리가 절로 나올 만큼 기막힌 '뽀샵' 처리로 실물과 다른 '사진 미인'이 많듯, 당시 앙리 4세도 신부 측에서 보낸 초상화를 보고 나름 흐뭇해했지만 막상 실물을 보자 속았다며 탄식했다는 이야기도 전해온다. 하지만 연작 중 하나인 '마리 드 메디시스의 초상을 받는 앙리 4세' 작품 속에는 앙리 4세가 마리 드 메디시스의 초상화에 마음을 빼앗긴 듯 바라보는 것으로 묘사되어 있다. 어쨌거나 나폴레옹 집권 이후 뤽상부르 궁전이 상원의원

건물로 사용되면서 루브르 박물관으로 옮겨진 〈마리 드 메디시스의 생애〉는 루벤스의 그림 솜씨를 통해 한 여왕의 인생 스토리를 가늠해보기에 좋은 작품이다.

2012년에는 마리 드 메디시스 왕비가 1610년 대관식 때 착용한 다이아몬드가 경매에 나와 우리 돈 110억 원에 낙찰됐다. 34.98캐럿인 이 다이아몬드는 궁에서 쫓겨난 마리 드 메디시스가 빚을 갚기 위해 판 것으로 이후 영국, 프러시아 등의 대관식에 쓰여 그 자체가 역사로 인정되는 보석이다.

마리 드 메디시스의 흔적이 깃든 뤽상부르 공원에는 언제나 느긋한 여유와 낭만이 있다. 숲 속 벤치에 앉아 책을 보거나 산책을 하고 잔디밭에 누워 오수를 즐기고 먹을거리를 싸 들고 와서 삼삼오오 모여 이야기꽃을 피우거나 체스를 두는 중년들…. 바쁜 일상 중에서 한 템포 늦춰가는 그들의 느긋한 휴식 풍경은 아주 달콤해 보였다. 한때 권력을 거머쥐기도 했지만 언제나 고독했던 왕비가 고향이 그리워 만든 아름다운 정원이 파리 시민은 물론 내게도 좋은 시간을 만들어주니 고마울 따름이다. 가을 낙엽이 곁들여져 더더욱 낭만적인 풍경이었기에 가을을 맞을 때마다 문득문득 생각날 것 같은 곳이다.

그렇게
사랑이
시작된다

사랑할 수밖에 없는 그녀,
아멜리에

〈아멜리에〉는 알록달록 화려한 색감의 독특한 영상미와 통통 튀는 매력덩어리 아멜리에_{오드리 토투}가 특히 인상적인 영화다. 파리에 가면 누구나 한번쯤 오르게 되는 몽마르트르 언덕에는 사랑스런 여인 아멜리에의 흔적이 남아 있다.

몽마르트르의 한 카페 점원인 아멜리에는 어느 날, 자신의 집 한구석에서 빛바랜 사진과 장난감이 담긴 낡은 상자를 발견한다. 수십 년 전 꼬마의 추억이 담긴 그 상자를 중년이 되어버린 주인에게 전해주고 추억을 회상하며 기쁨의 눈물을 흘리는 남자를 몰래 지켜본 후부터 그녀는 저마다 남모를 상처를 안고 사는 동네 사람들에게 또 다른 기쁨을 안겨주는 '행복전도사'가 된다.

집에만 틀어박혀 온종일 그림만 그리는 고집불통의 앞집 할아버지를 위해 집 밖의 세상을 보여주고, 오래전 실종된 남편을 그리워하는 여인에게는 남편에게 온 듯 편지를 보내고, 헤어진 옛 연인을 스토킹 하는 남자에게는 큐피드가 되어주는 그녀. 그녀의 모든 행동이 사랑스럽지

만 특히 시각장애인을 전철역까지 데려다주는 장면은 너무나 인상 깊어 지금도 눈에 선하다.

시각장애인의 팔짱을 끼고 그의 발이 되어 함께 걷는 동안 쉴 새 없이 조잘대며 거리의 풍경을 묘사해주는 모습에 웃음이 나기도 했지만, 그 안에 스민 짠한 무언가에 코끝이 찡해오기도 했다. 눈으로 보는 것

사랑한다면 파리

이 아닌 귀로 듣는 파리의 그 거리는 아마도 상상력이 더해져 더욱 아름답게 다가왔을 터다.

청춘들을 설레게 하는
사랑의 벽

커다란 눈망울에 장난꾸러기 같은 미소, 귓가에서 멈춘 상큼한 단발머리의 아멜리에가 투박한 구두를 신고 오르내리던 몽마르트르 언덕을 향해 천천히 발걸음을 옮겼다. 그 출발점은 그녀가 즐겨 다니던 지하철역인 아베스Abbesses역이다. 전철에서 내린 후 플랫폼 끝에서 소라껍질처럼 동글동글 감아 올라가는 좁은 계단을 한참을 밟아서야 땅 위로 올라왔다. 파리에서 가장 깊다는 역답게 그 깊숙한 땅속에서 올라오는 비좁은 통로에는 이모저모 아름다운 파리의 풍경이 담겨 있어 쉼 없이 올라야 하는 힘겨움을 덜어준다.

역을 나오면 한 켠에 작은 공원Square Jehan Rictus이 있다. 그저 파리 여느 곳에서 보았던 쉼터려니 해서 지나치려다 여행자의 가벼운 호기심에 슬쩍 발을 들이니 안쪽에 독특한 뭔가가 보인다. 사랑의 벽이라는 뜻을 지닌 '뮤 데 주 템므'다. 칠판처럼 생긴 타일 벽면에 각국의 언어로 사랑의 메시지를 담아놓은 것인데 그 안에서 '사랑해'란 우리말을 보니 반갑다.

공원 앞에서 사크레 쾨르 성당 이정표를 따라 몽마르트르 언덕으로 오르는 골목 여정은 정겹고 아기자기했다. 이제 막 오픈한 듯 청소를 하는 카페의 노천 테이블엔 이미 자리를 꿰차고 앉은 할아버지가 커피를 마시며 신문의 낱말 퍼즐을 열심히 맞추고 있었고 콧노래를 흥얼대며 낡은 벽면을 뜯어고치던 아저씨는 눈길이 마주친 내게 "봉주르~ 마담!" 하며 기분 좋게 인사를 건넨다. 또한 골목길 곳곳에 담긴 벽화들은 그 자체로 길거리 갤러리가 되었다.

이 골목길에는 재미있는 스타킹 가게도 있었다. 지퍼 달린 스타킹에 귀여운 강아지나 악보 그림이 담긴 별난 스타킹들이 늘씬한 마네킹 다리를 빌어 맵시를 뽐내고 있다. '어휴~ 저런 걸 어떻게 신어~' 싶고 그런 심상치 않은 스타킹을 소화할 능력도 없지만 '재미삼아 하나 사봐?'

사랑한다면 파리

하는 마음이 일었다. 발끝에서 허벅지까지 음표들이 춤을 추듯 이어지는 스타킹을 신으면 왠지 같이 춤을 춰줘야 할 것만 같다. 그래서 울적한 기분이 들 때 미친 척하고 집에서라도 혼자 신어보려고 문고리를 잡아당겼는데… 가게는 아직 문을 열지 않았다.

따끈따끈한 '몽마르트르표 초상화' 한 점 부탁해요

몽마르트르는 파리에서 가장 높은 언덕이다. 그러고 보니 파리의 가장 낮은 곳에서 가장 높은 곳으로 온 셈이다. 오래전, 내가 좋아하는 빈센트 반 고흐와 모딜리아니가 그림을 그리고 압생트에 취해 걸어 다녔을 몽마르트르는 예나 지금이나 가난한 화가들의 비빌 언덕이 되어주고 있다.

완만하게 오르던 골목길에서 긴 계단을 한차례 더 오르고 나서야 화가들의 마당인 테르트르 광장에 이르렀다. 레스토랑에 둘러싸인 마당은 생각보다 아담하다. 가장자리를 따라 풍경화는 물론 초상화를 그려주는 화가들이 둥글게 자리하고 있고 그 앞에 앉은 관광객 모델도 제법 많았다. 한 바퀴 둘러보니 화가마다 스타일도 제각각이다. 섬세한 터치의 연필 데생, 부드러운 느낌의 파스텔화, 굵직한 선으로 강렬한 포인트를 잡는 캐리커처…. 한 발 한 발 옮겨가며 입꼬리를 올리고 앉아 있는 이의 얼굴 한번, 그림 한번 쳐다보며 비교하는 재미도 쏠쏠했다.

　여기까지 온 김에 나도 '몽마르트르표 초상화' 한 점 챙겨 가고 싶었다. 기왕이면 내 스타일의 화풍을 고르기 위해 다시 한 바퀴 돌았다. 한 여인이 눈에 들어왔다. 지긋한 나이에 우아한 품새가 연륜 있는 예술가 분위기를 팍팍 풍겨 신뢰감을 준 것도 있지만 이마에 흘러내린 머리카락 한 올까지 놓치지 않는 세밀한 터치의 데생화가 마음에 들었다. 내심 이분에게 내 얼굴을 맡기기로 하고 말을 꺼내려는 순간 간발의 차이로 다른 이가 그녀 앞에 떡하니 앉아버렸다.

　보아하니 초상화 한 점 그리는 데 30~40분은 족히 걸리더만…. 그 손님이 끝날 때까지 기다릴까 어쩔까 망설이고 있는데 바로 옆자리의 아줌마 화가가 자기 앞에 앉으라며 손가락 끝으로 의자를 톡톡 건드린다. 사실 그녀의 화풍은 그리 맘에 들지 않아 선뜻 응하질 못했는데 자꾸만 권하는 손짓에 나도 모르게 그만 그녀 앞에 앉고 말았다. 그녀는 내 얼굴을 30도 각도로 틀어놓고는 한 레스토랑 간판을 가리키며 나의 시선을 고정시켰다. 그녀가 시킨 대로 앉아 나 또한 입꼬리를 살짝 올리고 자세를 취하자 '슥슥슥~~ 슥슥슥~' 도화지에 그녀의 파스텔 터치 소리가 들려왔다.

그렇게 30분이 넘도록 꼼작 않고 앉아 있다 보니 입꼬리가 바르르 떨렸고 눈도 자꾸만 깜빡이게 된다. 그런 내 모습을 지나가던 관광객들이 내가 그랬던 것처럼 내 얼굴 한번, 그림 한번 유심히 쳐다보았고 그런 눈길이 점점 많아졌다. 동물원의 원숭이가 된 느낌이다. 그러다 보니 나도 그림 속 내 얼굴이 점점 궁금해졌다.

얼마의 시간이 더 지나서야 그림이 완성되었다는 그녀의 신호에 따라 자리를 털고 일어나 그림을 대한 순간… 엥? 이게 뭐야. 내 얼굴은 어디 간거? 정말이지 아무리 봐도 나와 닮은 구석은 하나도 없다. 사진처럼 똑같진 않더라도 그래도 나인 것 같은 뭔가는 있어줘야 하는 거 아녀? 아~~ 정말 그림을 무르고 싶었다. 내 옆의 옆에 앉아 있던 어떤 이도 나처럼 그림이 맘에 안 들었는지 심드렁한 얼굴로 10유로를 깎기도 했지만…. 그래도 화가의 자존심을 살려주려 "굿~~"이라 인사치레를 하고 50유로란 거금을 건네며 남의 얼굴을 들고 일어서는 마음이 영 떨떠름했다. 그리고… 집에 돌아와서 딸에게 그림을 내보이며 "이게 누구게?" 하고 물었더니 딸아이 하는 말. '누군데?'도 아니고 "웬 외국사람?"이었다. 이런….

비운의 화가
모딜리아니의 애달픈 사랑

혹여나 오래전 몽마르트르 언덕에서 그림을 그렸을지도 모를 모딜리
아니는 어땠을까? 길게 뺀 목은 그렇다 치고 유난히 긴 코에 너무나 길
쭉한 얼굴로 그려진 자신의 초상화를 본 그의 연인 잔 에뷔테른이 '이
게 뭐냐'며 불평하진 않았을까? 그는 왜 그 예쁜 연인의 얼굴을 그렇게
그렸을까?

모딜리아니는 그 흔한 파리 풍경 하나 그리지 않고 오로지 인물만 그
린 화가로 유명하다. 1884년 7월 한여름, 이탈리아 리보르노에서 태어
난 모딜리아니는 어려서부터 미술에 재능을 보였지만 학교를 다니기
어려울 만큼 병약한 아이였다. 하지만 일찍이 그의 재능을 감지한 어머
니는 틈틈이 아들을 데리고 이탈리아 곳곳의 미술관을 방문하며 예술
의 눈을 틔어주었다.

스물두 살 되던 해인 1906년, 모딜리아니는 파리로 건너와 몽마르트
르에 둥지를 튼다. 그러나 고흐가 그랬듯 재능에 비해 살아생전 빛을
보지 못한 비운의 화가일 뿐이었다. 어머니가 보내주는 쥐꼬리만 한 돈
으로 근근이 먹고살아야 했던 그에게 시급했던 건 그림을 파는 거였다.
그러나 이 무명화가에게 그림을 의뢰하는 이는 없었다. 그렇게 몇 년을
보내던 모딜리아니는 그림이 아닌 조각에 눈을 돌렸지만 그의 조각품
또한 거들떠보는 사람이 없었다. 작품이 팔리지 않으니 날이 갈수록 비
싼 재료비를 감당하기 어려웠던 그는 부실한 체력으로 돌을 다루는 일

도 힘겨워 결국 조각에서 손을 떼고 1913년, 몽마르트르 버금가는 예술의 중심지인 몽파르나스로 거처를 옮긴다.

이곳에서 다시 그림에 몰두한 그의 작품은 모두 초상화와 누드화다. 모딜리아니가 이렇듯 사람만 고집한 것을 두고 항간에선 인물화가 가장 팔기 쉬운 주제였기에 그런 게 아닌가 하는 시선도 있지만 그에게 돈을 주고 자신의 얼굴을 맡기는 이는 거의 없었다. 하긴, 눈동자 없이 쪽 찢어진 눈이 대부분인 그의 초상화는 고객이 좋아할 스타일은 아니었을 것이다.

모딜리아니가 초상화 대부분을 눈동자 없이 그린 건 그 텅 빈 눈에 아득한 내면의 깊이를 담아내기 위해서였다고들 한다. 내 경우를 보면 사람의 인상을 좌우하는 건 아무래도 눈동자다. 그러고 보면 "내가 추구하는 것은 사실이나 허구가 아닌 무의식이다"라고 했던 모딜리아니의 말처럼 그의 작품 속에 담긴 동공 없는 눈들은 쉽사리 짐작하기 어려운 인간의 무의식적인 내면을 보여주는 것 같기도 하다.

어쨌거나 그렇게 그린 작품들을 모아 모딜리아니는 1917년 몽파르나스의 한 화랑에서 생애 처음으로 개인전을 연다. 허나 이것이 생애 최초이자 마지막 전시회가 될 줄은 아무도 몰랐다. 화랑 측에서 사람들의 눈길을 끌기 위해 쇼윈도에 내건 누드화가 화근이었다. 의도대로 적나라한 누드화는 뭇 사람들의 시선을 끌어들였지만 문제는 그 사람들 사이에 경찰이 끼어 있었다는 점이다. 외설적이란 이유로 느닷없이 내려진 경찰의 철거 명령이 전시회에 찬물을 끼얹는 바람에 모딜리아니는 화가로 인정받을 수 있는 기회를 허망하게 날려야 했다.

모딜리아니가 운명적인 사랑을 만난 건 전시회를 준비하던 해 즈음이다. 지인의 소개로 몽파르나스의 한 카페에서 만난 그 사랑의 주인공이 바로 열아홉 화가 지망생 잔 에뷔테른이다. 잘생긴 외모에 타고난 보헤미안 기질로 뭇 여인들을 사로잡았던 그는 역시나 잔의 마음도 설레게 했다.

첫눈에 서로에게 반한 그들은 깊은 사랑에 빠져든다. 그러나 남부럽지 않은 가정에서 자란 여자의 부모는 애지중지 길러온 열아홉 꽃 같은 딸이 14살이나 많은 '노땅'인 데다 가난뱅이 유태인 화가의 아내가 되는 걸 원치 않았다. 더군다나 마약과 술에 찌들어 사는 인간이란 소문까지 겹쳤으니 나 같아도 반대할 만하다. 하지만 말리면 말릴수록 불타는 게 사랑인지라 딸은 부모의 반대를 무릅쓰고 모딜리아니를 따라나선다. 두 사람은 가난했지만 함께 있어 견딜 수 있고 행복했다. 전시회 실패 후 마약과 술로 인해 모딜리아니의 건강이 극도로 악화되기도 했지만 전시회를 주선했던 '절친'이 요양차 보내준 프랑스 남부 지방의 니스에서 첫딸도 출산했다. 하지만 혼인신고를 하지 못한 상태에서 태어난 딸에게는 엄마의 성이 붙여졌고 모딜리아니 사후에야 아버지 성으로 바뀌었다.

모딜리아니의 병세가 호전되는 듯했고 잔도 둘째를 임신하자 두 사람은 1919년 봄날 파리로 돌아왔다. 하지만 한겨울 땔감조차 살 수 없는 가난은 모딜리아니의 결핵을 다시 악화시켰고 임신한 잔은 어쩔 수 없이 친정에서 겨울을 나야 했다. 임신한 아내를 친정으로 보내야만 하는 처지의 사위는 더더욱 장인 장모의 눈 밖에 났을 터다. 처갓집에 가

도 문전박대로 아내를 볼 수 없었던 모딜리아니는 냉골 같은 방에서 홀로 지내다 결국 병을 이기지 못하고 파리의 한 자선병원으로 옮겨진 후 이틀 만인 1920년 1월 24일, 숨을 거둔다. 그의 나이 서른여섯에….

모딜리아니가 그렇듯 쓸쓸하게 떠난 이 세상에 잔은 아무 미련이 없었다. 슬픔을 이기지 못한 잔은 그가 죽은 다음 날 "천국에서도 당신의 아내, 당신의 모델이 되어드리겠다"며 친정집 아파트 6층에서 몸을 던져 남편을 따라갔다. 그녀의 뱃속에서 8개월을 함께한 태아 또한 세상 빛도 보지 못한 채 아버지에게 갔다. 그리고 이제 두 사람은 파리 페르라세즈 묘지 한 켠에서 영원히 하나가 되어 잠들어 있다. 그들의 묘비에는 이런 글이 새겨져 있다. '이제 바로 영광을 차지하려는 순간에 죽음이 그를 데려갔다'. 그리고 '모든 것을 모딜리아니에게 바친 헌신적인 반려자'라는…. 이들의 사랑은 비극으로 끝났지만 어쩌면 죽음을 뛰어넘은 잔의 헌신적인 사랑으로 매듭지어졌기에 모딜리아니의 삶이 더욱 드라마틱하게 다가오는지도 모른다.

모딜리아니 하면 떠오르는 얼굴 긴 여인의 초상화 〈잔 에뷔테른〉은 어쩌면 생의 마지막 순간 예감한, 그의 마음속에 있는 아내의 얼굴이었는지도 모른다. 검은 모자를 눌러쓰고 넋이 나간 듯 무표정하면서도 깊은 생각에 잠긴 듯 보이는 그 얼굴이 내겐 모딜리아니의 죽음 이후 그를 뒤따르기 전 하루 동안의 얼굴처럼 보인다.

앞서 말했듯 그의 초상화에는 동공 없는 눈이 훨씬 많다. 그가 사랑했던 여인 잔 에뷔테른의 초상화도 20여 점이나 되지만 눈동자를 그려

넣은 작품은 그리 많지 않다. 잔은 푸른 눈동자를 지닌 여인이다. 코코넛이란 별명이 붙을 만큼 뽀얀 피부였기에 그녀의 눈동자는 더욱 깊고 푸른 눈빛이었을 터다. 생전에 모딜리아니는 이런 말을 했다. "내가 당신의 영혼을 알게 될 때, 당신의 눈동자를 그릴 것이다"라고. 허나 모딜리아니가 그린 그녀의 눈동자는 검다. 이 또한 경제적으로나 정신적, 육체적으로 어려운 현실을 견뎌내며 속이 까맣게 타들어간 아내의 내면을 보아서였던 걸까?

집에 들고 온 내 얼굴을 다시 보았다. 여전히 내 얼굴 같진 않았지만 찬찬히 뜯어보니 내 얼굴이 있는 듯도 했다. 내가 아닌 다른 사람들이 나를 볼 땐 그들의 느낌으로 본다. 그러니 내 얼굴은 사람에 따라 요런 모습이기도 하고 조런 모습이 되기도 할 것이다. 몽마르트르의 그 아줌마 화가에게 비친 내 얼굴은 바로 그림 속의 이 모습이니 그것이 내 얼굴이기도 하다.

파리에서 가장 높은
언덕 위의 하얀 집

초상화가 완성되니 기다렸다는 듯이 한 남자가 다가와 그림 담는 통을 내민다. 2유로란다. 그 안에 얼굴을 둘둘 말아 넣고 화가마당을 벗어나 사크레 쾨르 성당으로 향했다. 여러 개의 크고 작은 돔 지붕을 얹어 우아함과 웅장함을 겸비한 이 성당은 하얗게 몸치장을 하고 몽마르트

르 언덕 꼭대기에 앉아 있다. 그야말로 언덕 위의 하얀 집이다. 햇빛을 받으면 더욱 눈부시게 빛나는 겉모습에 이끌려 들어가 보았더니 속내는 비교적 소박한 편이었다.

그러나 성당 앞에서 바라보는 파리의 전경은 참으로 시원하다. 성당 왼쪽 옆구리에서 동글동글 감아 올라가는 계단을 따라가면 지붕 꼭대기인 돔 전망대에 서게 된다. 입장료도 내야 하고 300개가 넘는 좁고 가파른 계단을 오르는 수고로움은 있지만 파리에서 가장 높다는 몽마르트르 언덕보다 더 높은 곳에서 내려다보는 파리의 풍광은 더더욱 시원하다.

사크레 쾨르 성당은 1870년 보불전쟁에서 패한 후 지어진 것이다. 유럽의 주도권을 놓고 프랑스와 프로이센지금의 독일이 사활을 걸고 한판 붙은 이 전쟁은 자존심 강한 프랑스인들을 자괴감에 빠트렸고 물질적 궁핍까지 감내하게 했다. 두들겨 맞아 분한 판에 두들겨 팬 나라에 전쟁 배상금 명목으로 돈까지 바쳐야 하니 얼마나 억울했을까. 그 전쟁 배상금이란 것도 들춰보면 공화정 속의 왕당파 의원들이 프로이센의 힘을 빌려 자신들의 기득권을 지키고 왕정복고를 꾀하기 위해 프로이센에게 유리한 조약을 체결한 결과니 분통이 터질 노릇이다.

사는 게 팍팍하면 마음도 팍팍해진다. 팍팍해진 마음에는 여유 있는 삶이 허용하는 아량이 들어설 자리가 없다. 뭔가 꼬투리가 생기면 바로 잡아당겨 그 마음을 해소한다. 결국 없는 살림 쥐어짜는 정부를 향해 국민들이 반기를 든다. 이미 1789년 대혁명을 통해 민중의 힘을 보여준 파리 시민들은 왕당파의 행태를 용납하지 못했고 혁명을 통해 새로운 정부를 꾸린다. 이것이 바로 파리 코뮌이다. 그러나 얼마 지나지 않아 파리 코뮌은 기존 정부군에 의해 수만 명이 학살당하면서 참혹한 최후를 맞는다.

옆친 데 덮친 격이라고 외전에 내전까지 치르며 한바탕 피바람이 몰아친 파리는 만신창이가 되어버렸다. 그 암울함을 떨치고 새 희망을 찾고자 파리 시민들이 자발적으로 성금을 모아 탄생시킨 것이 바로 이 사크레 쾨르 성당이다. 기왕이면 그 희망이 파리의 가장 높은 땅에 얹어지길 바랐던 걸까? 파리에서 가장 높은 곳에 있는 이 성당은 언제나 평화로운 모습으로 파리 시내를 묵묵하게 굽어보고 있다.

행운을 부르는
아멜리에 카페

영화에서 아멜리에가 일했던 카페 레 되 물랭Cafe les Deux Moulins은 몽마르트르 언덕 중턱에 있다. 테르트르 광장에서 물랭 루주로 내려가는 길목이다. 광장 앞 복잡한 골목에서 지도 한 장 들고 물어물어 찾아간 카페의 외관은 여느 카페와 별 차이가 없다. 하지만 영화가 선물한 '아멜리에 카페'는 몽마르트르의 명소가 되어 항상 사람들로 바글거린다. 앉으면 옆 사람과 어깨가 스칠 만큼 다닥다닥 붙어 있는 테이블에 우리처럼 카페 음악이 흐르는 것도 아니어서 얘기할 때 신경도 쓰이련만 어

느 누구도 개의치 않는다. 여기저기서 따발총처럼 쏟아내는 프랑스 특유의 빠른 말소리들로 정신없기도 했지만 "솰~아 있네~"소리가 절로 나올 만큼 생기가 넘친다.

빨간 차양을 두른 카페 내부에는 짙은 갈매기 눈썹 밑의 커다란 눈동자와 입꼬리를 살짝 치켜 올려 장난기 어린 미소를 짓고 있는 아멜리에 사진이 곳곳에 붙어 있다. 테이블에 앉아 커피를 주문하면 상큼한 그녀가 내올 것만 같다. 그녀의 흔적이 담긴 카페에서 커피를 마시면 나에게도 뭔가 기쁜 일이 생기지 않을까 하는 괜한 기대감에 커피를 한 잔 주문했다.

나의 바람대로 그녀의 묘한 기운이 스민 걸까? 이것도 기쁜 일이 되는 걸까? 어깨가 닿을 만큼 바짝 붙은 테이블에 앉아 커피를 마시다 보니 자연스럽게 옆 사람과 얘기를 나누게 되었고, 파리에서 인테리어 디자이너로 일하고 있다는 그 여인과 이런저런 얘기 끝에 친구가 되어 연락처를 주고받았다. 그녀가 서울에 오면 내가, 내가 다시 파리에 오면 그녀가 안내해주겠다고….

가난한 연인들의 아지트

아멜리에 카페에서 좀 더 내려오면 가난한 연인들의 슬픈 사랑 이야기를 그린 뮤지컬 영화 〈물랑 루즈〉의 무대를 만나게 된다. 니콜 키드먼과 이완 맥그리거가 물랭 루주의 여가수 사틴과 시인 크리스티앙으로 나와 전개되는 이 영화는 화려한 무대와 가슴을 울리는 노래와 춤으로 보는 내내 푹 빠져들게 했다.

"Diamonds are a girl's best friends!" 다이아몬드는 여자의 가장 좋은 친구

물랭 루주를 최고의 극장으로 만들고 그 안에서 최고의 여배우가 되고 싶었던 사틴은 어떻게든 돈 많은 공작을 유혹하고자, 관능미를 뽐어내며 세속적인 욕망을 노골적으로 드러내는 노래를 부른다. 오로지 돈 때문에 사랑하는 남자를 두고 사랑하지 않는 남자의 여인이 된 그녀는 껍데기 연인인 공작의 눈을 피해 사랑하는 남자 크리스티앙과 진짜 사랑을 나눈다. 그러나 그들의 밀애는 결국 들켜버렸고 공작의 질투심에 불을 질러버렸다. 그건 크리스티앙의 목숨을 위태롭게 했고, 자신 또한 폐결핵으로 죽어가고 있다는 걸 알게 된 사틴은 마음에도 없는 모진 말을 해가며 사랑하는 남자를 밀어낸다. 그리고 그녀는 자신의 마지막 무대에서 남은 힘을 쏟아낸 후 사랑하는 남자의 품에 안겨 숨을 거두며 이런 말을 남긴다.

"우리 얘기를 글로 써. 그럼 우린 영원히 함께 있는 거야….."

이 영화에서 인상 깊었던 건 사틴과 크리스티앙의 가슴 아픈 사랑이 아니라 그들을 향한 한 남자의 질투였다. 그 질투는 무섭다기보다 처절했다. 사랑하는 연인 사이에 끼인 자신의 초라한 짝사랑에 홀로 몸부림치는 그 남자가 너무나 가슴 아파 보였다.

사랑과 질투…. 사랑이 망원경으로 보는 것이라면 질투는 현미경으

로 보는 것이란다. 질투는 천 개의 눈을 가졌다고도 한다. 그러나 그 질투의 눈은 어느 것 하나 제대로 보지 못하고 상상 속의 그 무언가를 자꾸만 본다. 그래서 꼬리에 꼬리를 물고 망상을 하게 만드니 질투는 사랑이 만들어낸 중병이다.

그러나 질투 없는 사랑이 과연 진짜 사랑일까? 사랑하는데 어떻게 질투심이 없을 수 있을까? 다만 사람마다 그 표현이 다를 뿐…. 탈무드에서도 '질투하지 않는 연인은 진심으로 사랑하고 있지 않는 것'이라 했으니 질투는 그 양과 질에 따라 사랑의 묘약이 되거나 독이 되는 것이다.

Paris Sketch

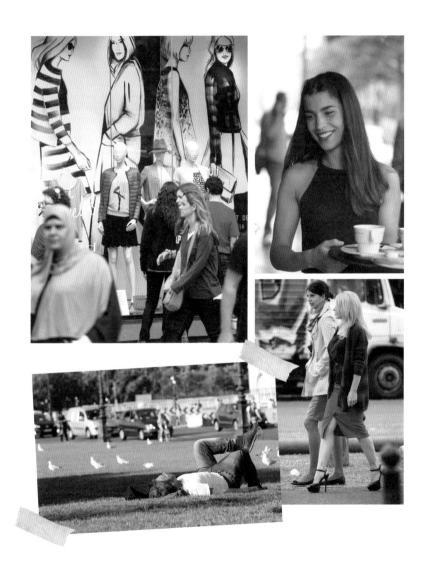

몽마르트르의 난쟁이 화가

'빨간 풍차'란 뜻의 물랭 루주는 19세기 말 파리 사교계의 중심 무대였던 카바레다. 요즘엔 카바레가 불륜의 온상이라는 변질된 이미지로 전락했지만 당시에는 예술을 추구하는 자유로운 영혼들이 모이는 곳으로, 〈미드나잇 인 파리〉의 아드리아나가 동경하던 벨 에포크 시대의 상징 중 하나였다. 1899년 화려한 캉캉춤과 함께 모을 열면시 밤 문화를 평정한 물랭 루주는 피카소가 존경했다는 화가 툴루즈 로트레크의 아지트이자 피카소와 살바도르 달리, 모딜리아니의 단골집이었고 샹송의 여왕 에디트 피아프의 달콤한 무대였다. 미녀 스파이의 대명사인 마타 하리 또한 이곳에서 뇌쇄적인 춤으로 뭇 남성들을 달아오르게 했다.

영화에도 언급되지만 물랭 루주 하면 빼놓을 수 없는 인물이 몽마르트르의 난쟁이 화가 툴루즈 로트레크1864~1901다. 그의 온전한 이름은 앙리 마리 레이몽 드 툴루즈 로트레크 몽파. 이름이 이렇게 긴 건 내세우고 싶은 혈통을 이름에 드러내는 프랑스 귀족의 전통 때문이다. 긴 이름에서 짐작하듯 로트레크는 이름난 명문 귀족 가문 출신이다. 하지만 가문의 혈통을 지키기 위해 오랫동안 이어온 근친결혼이 화근이었다. 근친결혼으로 인한 유전적 문제는 로트레크를 너무나 허약한 아기로 태어나게 했고, 그중에서도 유독 뼈가 부실했다. 여느 아이 같으면 별 탈 없었을 넘어짐이 그에게는 치명적 사고가 되어 뼈가 바스러지는 바람에 10대의 어린 나이에 하반신 성장이 멈춰버린 아픔을 안고 살아야 했다.

150센티미터를 간신히 넘긴 키에 다리가 유난히 짧았던 그는 언제나 지팡이에 의지해 뒤뚱뒤뚱 걸어야 했다. 그러니 바깥 활동은 언감생심, 유일한 취미는 그림을 그리는 것뿐이었다. 그런 자식이 귀족 집안에서는 숨기고 싶은 존재였고 로트레크 또한 그런 집안에 더 이상 머무르고 싶지 않았던 모양이다. 귀족 사회의 위선에 염증을 느낀 스무 살 청년 로트레크가 집을 떠나 새로이 둥지를 튼 곳이 바로 몽마르트르다.

당시 파리의 변두리 몽마르트르는 가난한 예술가와 소외 계층의 터전이었다. 그곳에서 그는 고흐와 드가를 만났고 밤마다 물랭 루주를 드나들었다. 그리고 그 안에서 물랭 루주 사람들을 그렸다. 무희들과 웨이터, 그곳에서 즐기는 손님들까지 세심한 관찰력으로 그려낸 그의 그림은 스냅사진처럼 생생하다. 그가 그린 포스터로 인해 물랭 루주는 더욱 유명세를 탔고 '잔 아브릴'처럼 그의 그림에 등장해 유명해진 무희도 많다. 그가 눈으로 보고 마음으로 느끼며 그린 물랭 루주 그림들은 그 어느 것도 따라올 수 없는 물랭 루주의 생생한 기록물 그 자체다.

물랭 루주와 더불어 로트레크의 그림에 유난히 많이 등장한 이들이 거리의 매춘부들이다. 그로 인해 퇴폐 화가라는 오명을 뒤집어쓰기도 했지만 로트레크만큼 편견 없이 그들에게 다가간 이도 없을 것이다. 성적 욕구 해소가 아닌 그들의 친구가 되어, 그들의 삶을 이해하고 다독이며 진심을 담아 표현한 화가이기 때문이다.

편견은 그 눈초리를 느껴본 사람만이 그것이 어떤 것인지 알 수 있다. 로트레크 또한 외모에 민감한 10대 사춘기와 20대 청춘 시기 내내 난쟁이 같은 자신의 모습을 향한 편견의 눈초리를 감지해야 했던 때가 적지 않았을 터다.

"내 다리가 조금만 더 길었더라면 나는 그림을 그리지 않았을 것이다."

37년이라는 짧은 삶 동안 수천 점의 그림을 남기고 떠난 로트레크의 말을 가만히 되새겨보면, 편견이야말로 그가 가장 떨쳐버리고 싶었던 것인지도 모른다.

쇼팽과 조르주 상드의
로맨틱 밀회 장소

물랭 루주 근처에는 로맨틱 인생 박물관Musee de la vie Romantique이 있다. 어떤 로맨틱이 있기에 그런 이름이 붙었을까? 오로지 이름에 끌려 찾아간 박물관은 담쟁이덩굴로 덮인 파리의 뒷골목에 은밀하게 숨어 있었다. 은은한 파스텔 톤 창문이 돋보이는 2층 건물 앞에 아늑한 뜰을 갖춘 첫인상은 이름처럼 로맨틱한 분위기가 묻어났다.

낭만주의 박물관이라고도 칭하는 이곳은 19세기 초 네덜란드 출신의 화가가 살던 집으로, 사실 화가의 아틀리에라기보다 당대 예술가들의 사교 모임 살롱으로 유명했던 곳이다. 아마도 당시 프랑스 낭만주의를 대표하는 화가, 시인, 음악가, 소설가들의 아지트였기에 로맨틱이란 이름이 붙었는지도 모른다. 이 집은 특히 쇼팽과 조르주 상드의 밀회 장소로 유명하다. 그래서인가? 창문 넘어 부드러운 햇살을 받은 실

내엔 앤티크 가구들이 저마다 맞춤한 공간에 놓여 있고 그 사이사이에 조르주 상드의 초상화와 보석들, 석고로 떠놓은 쇼팽의 손이 전시되어 있다.

조르주 상드1804~1876는 19세기 낭만주의 시대의 대표적인 프랑스 여성 소설가다. 열여섯 나이에 지방 귀족과 결혼했지만 이혼 후 20대 후반 즈음 파리로 온다. 그리고 생계를 위해 쓴 첫 소설《앵디아나》가 시쳇말로 '대박'을 치면서 등단과 동시에 유명작가가 되어버렸다. 사실 조르주 상드는 그녀의 이름이 아니다. 본명은 오로르 뒤팽. 성차별이 공공연했던 그 시절, 예술 세계 또한 남성 중심으로 돌아가는 판이었기에 그 안에서 살아남기 위해 그녀는 남자 이름인 조르주 상드를 필명으로 썼을 뿐 아니라 남자 옷을 즐겨 입고 그들과 어울렸다.

그만큼 당찼던 그녀는 사랑 앞에서도 주저함이 없어 당대 예술가들과 숱한 염문을 뿌렸다. 사랑이 오면 그 사랑에 '올인'하고 사랑이 식으면 뒤도 안 돌아보고 가는 스타일이다. 그렇듯 거침없는 그녀의 사랑을 두고 비난의 시선도 많았지만 그녀는 언제나 자신의 사랑에 당당했다. 그중 가장 이목을 끌었던 건 여섯 살 연하남인 폴란드 출신의 작곡가 프레데리크 쇼팽1810~1849과의 사랑이다.

서로가 갖지 못한 것에 마음이 끌린 걸까? 두 사람은 외모도 성향도 극과 극이다. 부드럽고 후덕한 느낌의 턱 선에 두툼한 쌍꺼풀, 검고 큼지막한 눈망울을 지닌 상드에 반해 쇼팽은 깡마른 체구에 길고 날렵한 콧매, 턱 선까지 뾰족해 좀 까칠해 보이는 인상이다. 또한 대범하고 자유분방한 상드에 비해 쇼팽은 섬세하고 예민한 감성의 소유자다. 여려 보이는 연하의 남자에게 상드가 모성애적 사랑을 느꼈을 수도 있고, 쇼팽 역시 연상의 여인에게서 풍겨나는 어머니 같은 푸근함과 편안함이 좋았는지도 모른다.

화가의 살롱을 드나들며 밀회를 즐기던 그들은 결핵을 앓던 쇼팽의 건강이 악화되면서 스페인의 마요르카 섬으로 둥지를 옮긴다. 그들의 동거는 세간의 입방아에 오르내렸지만 상드는 남들의 눈과 입은 개의치 않았다. 그러나 당시 결핵은 흑사병처럼 두려운 것이었기에 둥지를 틀자마자 쫓겨난다. 마땅한 거처가 없었던 그들에게 그나마 자리를 내준 건 폐허가 되어 먼지 풀풀 날리는 낡은 수도원 방이었다. 그곳에서 상드는 지극정성으로 쇼팽을 돌보며 사랑을 이어간다. 상드의 그런 헌신적인 사랑 속에 쇼팽은 아름다운 곡을 만들어 나갔다.

드라마 〈밀회〉가 인기리에 방송을 탄 적이 있다. 불혹을 넘긴 유부녀와 스무 살 어린 남자의 사랑 이야기다. 연상연하 커플이라는 점, 그 연하의 남자가 타고난 천재성을 가진 피아니스트란 점에서 '조르주 상드와 쇼팽'에 비유되곤 했던 드라마다. 따지고 보면 스승과 제자간의 불륜이지만 당사자들로선 가슴 절절했을 그 사랑 속에 스민 감정적 · 예술적 교감은 공감할 수 있었다. 더없이 아름답고 완벽한 남자의 피아노 연주에 연상의 선생님이 양 볼을 꼬집으며 해주던 그 말…

"요건~ 특급 칭찬이야~"

상드 또한 쇼팽에게 이렇듯 특급 칭찬을 해가며 그의 작품 활동을 북돋았을 것이다.

사랑의 유통기한은 얼마나 될까? 싱싱했던 사랑도 시간이 지나면 시들해진다. 사랑이 시들해지면 정이란 요소가 첨가되어 유통기한을 늘려주기도 하지만 그대로 폐기처분되기도 한다. 이들의 불꽃같은 로맨스도 결말은 씁쓸했다. 지극정성의 간호에도 불구하고 점점 악화되는 쇼팽의 병에 상드는 지쳐갔고 점점 예민해져가는 쇼팽에게 상드의 장성한 아들과 딸은 불화의 씨가 됐다. 결국 그들은 자신들의 사랑에 마침표를 찍는다. 그리고 3년 뒤, 쇼팽은 병을 이기지 못하고 마흔도 채넘기지 못한 서른아홉 나이에 눈을 감았고, 쇼팽과 함께한 9년이란 시간 속에 녹아든 사랑과 정도 있으련만 상드는 그의 장례식에 발을 들이지 않았다.

처음에는 끌렸던 나와 다른 그 매력이 시간이 지나면 이별의 요인이 되기도 한다. 예민한 기질에 몸까지 부실했던 쇼팽에겐 연인과의 성생활이 버거웠을 터다. 이별 이후 상드가 뒤늦게 '머리카락 한 올 건드리지 않고 가슴을 찢어놓는 그의 섬세함보다 차라리 아내를 두드려 패는 질투심 많은 농부의 상스러움이 더 낫다'며 자신의 속내를 드러낸 걸 보면 내심 그것도 불만이었던 거다.

아주 오래전, 우리 집 문간방에 세 들어 살던 젊은 부부가 있었다. 그들은 하루도 조용한 날이 없었다. 남편은 밤마다 술을 먹고 들어와 아내에게 행패를 부렸다. 입에 담지 못할 상스러운 욕과 함께 아내를 퍽퍽 패는 소리가 문틈으로 생생하게 흘러나왔다. 남편에게 언어맞는 새댁은 "그래, 아예 죽여~ 죽여~" 하는 소리를 연발했다. 그 소리도 고스

란히 흘러나왔다. 금세라도 무슨 큰일이 날 것만 같았다. 그런데 아침만 되면 새댁은 언제 그랬냐는 듯 생글생글 웃으며 나왔다.

어린 내 눈에는 그게 참 이상했다. 하루가 멀다 하고 밤마다 맞는데 왜 그런 사람이랑 사는지도 이해가 안 됐고 아침이면 푸르딩딩해진 눈으로 웃고 나오는 것도 이해가 안 됐다.

"엄마 저 아줌만 왜 맨날 때리는 사람하고 그냥 살아?"

그때 엄마가 슬며시 웃으며 "부부가 그런 거야"라고 했던 이유를, 그때는 정말 몰랐다.

쇼팽과 상드의 사랑은 그렇게 끝이 났지만, 그들의 사랑 속에 태어난 아름다운 곡은 영원히 남아 있다. 그중 하나인 〈빗방울 전주곡〉에는 그들의 애잔함이 담겨 있다. 어느 날 저녁, 집에서 멀리 떨어진 마을로 상드가 생필품을 사러 나간 후 비가 쏟아졌고 그 비로 인해 그녀의 귀가가 늦어졌다. 캄캄한 밤에 빗속을 뚫고 돌아올 연인이 걱정됐지만 병으로 인해 마중 나갈 처지도 못 됐던 쇼팽. 그 서글픔을 안고 그녀가 돌아오길 기다리며 만든 피아노곡이 바로 〈빗방울 전주곡〉이다.

명곡의 탄생 비화를 접한 순간 바로 빗방울 전주곡을 찾아 들어봤다. 비슷하게 반복되며 귓가에 스며드는 낮은 음은 한 음 한 음이 바닥에 똑똑 떨어지는 빗방울 소리 같았고 그 위에서 오르락내리락하는 음들은 부드럽게 춤을 추며 내려오는 빗줄기 같았다. 교향곡이 베토벤이고 가곡이 슈베르트라면 피아노는 쇼팽이다. '피아노의 시인'이라 불리는 그의 섬세한 손가락이 창출해낸 아름다운 선율은 지금도 한 편 한 편의 시가 되어 우리 마음에 남아 있다.

쇼팽과의 사랑이 끝난 후 상드는 열세 살 연하의 조각가 알렉상드르 망소와 새로운 사랑을 시작한다. 그러나 상드의 마지막 연인이었던 망소 또한 그녀보다 먼저 세상을 떠났다. 그녀의 나이 환갑 때다.

덤불 속에 가시가 있다는 것을 안다.
하지만 꽃을 더듬는 내 손 거두지 않는다.
덤불 속의 모든 꽃이 아름답진 않겠지만
그렇게라도 하지 않으면
꽃의 향기조차 맡을 수 없기에
꽃을 꺾기 위해서 가시에 찔리듯
사랑을 얻기 위해
내 영혼의 상처를 견뎌낸다.
상처받기 위해 사랑하는 게 아니라
사랑하기 위해 상처받는 것이므로….

조르주 상드가 남긴 이 글귀는 곧 사랑에 대한 그녀의 마음이다. 좋아하는 꽃향기를 맡기 위해 가시가 있는 줄 알면서도 덤불 속에 손을 밀어 넣는 여인. 상처받을 걸 알면서도 사랑을 찾고, 사랑을 하면서도 언제나 사랑에 목말라했던 여인. '사랑하라. 인생에서 좋은 것은 그것뿐이다'라는 자신의 인생 모토처럼 그녀는 원 없이 사랑하다 일흔둘의 나이에 세상을 떠났다.

시간은 누구에게나 공평하게 흐른다. 어느 누구에게나 1초 1초의 간격은 똑같다. 그러나 그 시간은 쓰는 사람에 따라 길이도 깊이도 달라진다. 그 1초 1초를 누군가는 속절없이 가볍게 흘려보내지만 누군가는 놓치지 않고 무게를 싣는다. 속절없이 흘려버린 사람의 시간은 영원히 사라지지만, 잡아두고 무언가를 한 사람의 시간은 영원히 남는다. 상드의 72년 세월은 그만큼의 사랑의 무게를 싣고 상드란 이름 속에 영원히 남아 있다.

상드와 쇼팽이 거닐었을 로맨틱 인생 박물관 뜰에는 가시 많은 장미꽃이 그득하다. 그 장미꽃 뜰 안에는 아담한 카페가 있다. 부드러운 햇살 아래 진한 에스프레소 한 잔을 음미하며 나의 사랑에 대해 생각해보았다. 많은 것을 바라진 않았지만 상대방에게 뭔가를 주면 은근히 나도 뭔가를 받고 싶었거나 받아야 한다는 마음은 있었던 것 같다. 그러나 사랑이란 하나를 주고 하나를 바라는 것도 아니고, 둘을 주고 하나를 바라는 것도 아니란다. 아홉을 주고도 미처 주지 못한 하나를 안타까워하는 것이란다. 말처럼 쉽진 않겠지만 이제부터라도 내 인생의 남은 시간 동안 미련 없이 사랑하고, 사랑하는 이에게 사랑한다는 말도 아끼지 말아야겠다.

아멜리에가 물수제비를 뜨던
그 운하

몽마르트르를 누비고 다니던 아멜리에가 그 언덕을 벗어나 즐겨 찾던 곳은 생 마르탱 운하. 어릴 적, 노트르담 성당에서 뛰어내린 관광객에 깔려 황당하게 세상을 뜬 엄마. 홀로 남은 아빠의 다정한 손길에 두근대는 심장을 심장병이라 오해한 아빠로 인해 학교는 구경도 못하고, 유일한 친구 금붕어마저 죽어 외톨이가 된 그녀가 유일한 취미로 물수제비를 뜨던 곳이다.

같은 외톨이 신세인 한 남자가 가슴에 들어오면서 아멜리에의 심장이 다시 두근거리기 시작한다. 그러나 다른 이들의 사랑은 기발한 생각으로 잘만 찾아주던 그녀가 정작 자신의 사랑 앞에선 숙맥이 되어 연신 마음으로만 사랑을 고백하며 물수제비를 뜬다. 그런 그녀에게 몽마르트르의 이웃 할아버지가 충고한다.

"사랑을 계획하고 있다는 건 용기가 없는 것이네. 지금 당장 가서 말하게…."

생 마르탱 운하는 파리 북부 지역을 요리조리 휘젓다가 센 강에 몸을 풀어놓는 물길이다. 센 강이 파리의 대동맥이라면 생 마르탱 운하는 파리의 실핏줄이다. 4.5킬로미터에 달하는 이 물길은 1825년에 개통되었다. 당시 두려움에 떨게 했던 전염병인 콜레라의 확산을 막고자 오염되지 않은 물을 공급하기 위해 만든 생명의 물줄기다.

파리를 보았다고 하려면 적어도 아멜리에가 물수제비를 뜨던 이곳만큼은 봐야 할 것 같다는 생각이 든다. 누군가의 눈에는 그저 한줄기 좁은 물길이 흐르는, 딱히 볼 것 없는 곳일 수도 있다. 뤽상부르 공원이 그랬듯 파리지앵이 아끼고 사랑하는 이 공간은 관광객의 발길도 상대적으로 뜸하다. 그러나 그 한갓짐이 좋았고 그 안에서 조깅을 하고 커피를 마시며 얘기를 나누는 파리지앵들의 일상을 자연스럽게 엿볼 수 있는 게 좋았다. 볼수록 정이 가는 파리의 운치가 우러나는 이곳에 있다 보니 파리가 점점 더 좋아진다. 단순히 여행자로서가 아니라 얼마간은 여기서 살아보고 싶다는 생각까지 들 만큼….

운하 앞의 골목골목은 소박한 것 같으면서도 개성이 넘친다. 세월의 흔적이 묻어나는 오래된 구두수선점과 미용실, 서점, 식당 사이사이에 알록달록 예쁜 색감을 입힌 카페와 옷가게들이 뒤섞인 모습이 초창기의 우리네 삼청동 같다. 고만고만한 기와집의 옛 멋과 젊은 감각의 트렌디한 멋이 어우러진 삼청동의 독특함이 좋아 그 동네를 꽤 많이 드나들었었다. 하지만 요즘의 삼청동은 좀 실망스럽다. 그 고유의 멋에 이끌려 찾아든 발길이었건만 그런 발길이 많아져서 동네가 뜨다 보니 돈 욕심이 따라붙었다. 작고 낡은 기와집 카페와 소품가게들이 하나둘 사라진 자리엔 더 크고 세련된 건물들이 떡하니 들어앉았다. 그 돈 욕심이 개성을 죽여버려 이제는 삼청동길이나 신사동 가로수길이나 별반 차이가 없다. 참 아쉽다.

아무튼 운하 앞 골목 어딘가를 걷고 있는데 차들이 길게 늘어서 있었다. 아직 문을 열지 않은 가게들이 많은 한적한 주말 아침 길에 왜 이

사랑한다면 파리

렇게 차가 밀리나 싶었는데 골목 중간쯤에서 패션 촬영을 하고 있었다. 왕복 2차선 도로 중 한 차선을 아예 막아놓고 말이다. 장비도 만만치 않았고 스무 명은 되어 보이는 스태프가 동원되었기에 도대체 무슨 촬영인지 궁금해서 물어보니 모 패션 브랜드의 화보 촬영이란다.

그렇게 막아놓은 길에서 앞으로 갔다 뒤로 갔다를 반복하며 포즈를 취하는 모델을 찍고 나면 그 사진을 모니터로 꼼꼼히 확인했다. 그리고는 "오케이 좋아~ 다시 한 번 큐~" 사진작가의 사인에 맞춰 또다시 앞으로 갔다 뒤로 갔다 하는 모델의 움직임은 이후로도 수없이 반복되었다. 그러다 보니 좁은 한 차선을 놓고 오가야 하는 차들은 양편 모두 꼬리에 꼬리를 물고 점점 더 길어져만 갔다. 그럼에도 어느 누구 하나 경적을 울리거나 불만을 내비치는 운전자가 없다. 패션 강국 프랑스의 한 단면을 본 느낌이다.

동네만큼이나 알록달록한 색감을 좋아하고 세계적인 팝스타 레이디 가가에게 수십 마리의 청개구리 인형 옷을 입혀 화제가 되었던 '패션계의 악동' 카스텔바작은 물론 다양한 분야의 젊은 아티스트들이 하나둘 둥지를 틀면서 트렌디한 동네로 떠오른 이곳 또한 젊은 파리지앵이 몰려드는 '물 좋은' 곳이 되었다. 하지만 지켜야 될 멋이 뭔지 아는 파리에서는 동네가 뜬다고 해서 우리처럼 쉽게 변질되지는 않을 터다.

생 마르탱 운하는 애초에 파리 시민들의 식수 공급을 위해 만들어진 운하였지만 지금은 유람선이 동동 떠다니는 관광 물길이 되었다. 센 강의 유람선과 달리 이곳의 유람선은 달팽이처럼 느릿느릿 움직인다. 계단식으로 조성된 물길이기에 단계마다 2미터는 족히 넘어 보이는 아래 물길로 진입하려면 윗수문은 열고 아랫수문은 닫아 물높이가 같아질 때까지 한참을 기다려야 한다. 수문이 아니라도 배가 지나가기 위해선 가끔씩 지붕이 걸리는 다리도 들어 올려야 한다. 물높이를 맞추기 위해 수문을 열어놓는 순간 폭포처럼 콸콸 쏟아지는 물줄기가 인상적이긴 했지만 가다 서다를 반복해야 하는 유람선을 보니 성질 급한 사람은 타기 힘들 것 같다.

아름드리 가로수가 드리워진 물길을 가로지르는 이곳의 작은 다리에도 사랑의 자물쇠가 여기저기 달려 있다. 어떤 다리에는 사랑의 하트가 있고 어떤 다리에는 키스를 부르는 빨간 입술이 도드라진 그림이 있다. 사랑의 자물쇠로 가득한 센 강의 다리가 그랬고 몽마르트르 언덕 밑의 뮤 데 주 템므가 그랬듯 이곳에도 그렇게 사랑이 담겨 있었다.

파리의 아름다운
변두리 마을, 벨빌

생 마르탱 운하가 지하로 스며들 즈음의 남쪽 끝자락에서 왼쪽 길Rue du Faubourg du Temple로 접어들어 15분가량 걸어가면 벨빌 거리로 들어서게 된다. 파리 동쪽 끝에 자리한 벨빌 구역은 오래전부터 파리의 빈민가였고, 지금은 이민자들이 가장 많이 모여 사는 동네다. 이 거리에 들어서면 아프리카나 중동, 동남아 등지에서 건너온 사람들이 대부분이고 일정 부분은 아예 차이나타운이 형성되어 있다.

이곳을 두고 일부 여행정보 책이나 여행자들은 파리답지도 않고 이렇다 할 관광명소도 없는 데다 소매치기도 많으니 가급적 가지 말라고 했다. 아닌 게 아니라 길모퉁이 카페에서 커피를 시키고 테이블에 카메라를 올려놓자 종업원이 "들고 튀는 이들이 있으니 조심하라" 일러주기도 했다. 물론 이 지역엔 먹고살기 막막한 불법체류자들도 적지 않아 상대적으로 범죄율이 높다 보니 그런 말이 나돌 수는 있다. 여행자들이 우려하는 범죄란 아무래도 소매치기가 대부분이다. 하지만 경험컨대 어디서든 늦은 밤 으슥한 골목을 피하고 본인만 주의한다면 그리 문제될 건 없다. 나 역시 지나가는 사람들을 경계하며 가방끈을 단단히 부여잡고 은근히 신경을 곤두세우기도 했지만 시간이 지나면서 그 마음이 조금씩 풀어졌다.

대체 파리답지 않다는 게 무슨 의미였을까? '오리지널 파리지앵'보다 이민자들이 많은 동네라서 그랬던 걸까? 파리 어디에서나 볼 수 있는

카페 풍경은 이곳에서도 여전했고 시끌벅적한 장터에서 과일과 채소를 골라 담으며 담소를 나누는 그들의 일상을 보면 그저 내 나라를 등지고 머나먼 타국 땅에 와서 열심히 살아가는 가난한 서민들이 모여 사는 동네일 뿐 여기도 분명 파리다. 오히려 소박하고 꾸밈없는 그 모습이 정겹기도 했다.

벨빌Belleville은 프랑스어로 아름다운 마을이라는 뜻이다. 그리고 보면 이곳은 그 의미처럼 각국의 다양한 문화가 그물코처럼 얽혀 나름의 다채로운 멋이 공존하는 지역이다. 게다가 아무래도 변두리다 보니 상

대적으로 저렴한 주거비로 인해 가난한 예술가들의 아지트로도 유명
하다. 그들의 손길이 녹아든 골목골목은 개성 넘치는 그림들이 가득해
생기가 넘친다. 낡은 건물 벽면을 따라 길게 이어진 벽화와 조형물들이
없다면 이 허름한 골목길은 아마 을씨년스러웠을 게다. 마을 언덕 위에
는 그들만의 비밀 정원, 벨빌 공원도 있다. 몽마르트르만큼 유명하지 않
아 관광객의 발길이 뜸한 이 공원 언덕에 오르면 몽마르트르 버금가는
시원한 전망이 펼쳐진다.

노래하는 작은 참새,
에디트 피아프

오래전 이 허름한 벨빌 골목길에서 동냥하며 노래를 부르다 불멸의 가수로 남은 여인이 있다. 그녀의 이름은 에디트 피아프. 누구도 흉내 낼 수 없는 구슬픈 목소리로 사랑의 기쁨과 슬픔, 고독을 노래한 샹송의 여왕이자 프랑스의 영원한 국민가수다. 그녀가 태어난 곳이 바로 이 벨빌 동네다. 그녀가 살았던 벨빌 가Rue de Belleville 72번지 아파트에는 그녀의 사진과 '1915년 12월 19일 가난하게 태어나 목소리로 세상을 감동시킨 에디트 피아프'라는 문구가 담긴 표지판이 붙어 있다.

표지판이 말해주듯 그녀는 가난을 넘어 불우한 어린 시절을 보냈다. 서커스단 곡예사였던 아버지와 거리에서 노래하며 하루하루 연명했던 어머니는 딸을 키울 여력도 의지도 없었기에 아이를 낳자마자 친정어머니에게 맡기고 자취를 감췄다. 그러나 얼떨결에 손녀를 맡은 외할머니 또한 갓난아이를 거의 방치하다시피 했다.

그러자 그녀의 아버지는 다시금 어린 딸을 노르망디에 있는 자신의 어머니에게 맡기고 제1차 세계대전에 참전했다. 당시 그녀의 친할머니는 매춘업소 포주였기에 에디트는 사창가에서 자랐다. 그 성장 환경이 온전할 리 없었다. 유아 시절 각막염을 앓았던 그녀는 제대로 치료를 받지 못해 시력을 잃기도 했지만 불행 중 다행으로 회복되었다. 또 너무나 궁핍했던 생활은 영양실조로 이어져 빼빼 마른 허약한 몸에 키도 147센티미터에 머물게 했다.

에디트의 아버지는 태어나서 단 한 번도 부모 품에 안겨보질 못했던 그녀를 14살이 되어서야 데리러 와서는 서커스단에서 온갖 잡일을 시키고, 막간을 이용해 노래를 부르게도 했다. 아버지를 따라 프랑스 전역을 떠도는 생활에 지친 에디트는 1년 만에 아버지 곁을 떠나 거리에서 노래를 부르며 생계를 이어갔다. 그 와중에 남자를 만나 열일곱 어린 나이에 아이를 낳았지만 어머니가 그랬듯 그녀도 아이를 제대로 돌볼 여력이 없었다. 결국 아이는 돌을 넘긴 지 얼마 안 되어 병으로 맥없이 죽고 말았다.

아이의 죽음을 슬퍼할 겨를도 없이 먹고살기 위해 거리의 가수로 떠돌던 그녀에게 한 줄기 빛이 스며들었다. 스무 살 무렵 어느 가을날, 몽마르트르 언덕 밑 유흥가인 피갈 지역에서 노래를 부르던 그녀를 유심히 지켜본 남자가 있었다. 그는 당시 잘나가던 카바레 사장 루이 레플리였다. 체구는 작지만 예사롭지 않은 목소리로 뿜어내는 매력적인 노래에 매료된 루이는 그녀에게 '작은 참새 La Mome Piaf'라는 예명을 붙여 무대에 올렸다.

거리가 아닌 유명 카바레 무대에 선 그녀는 대번에 그곳의 최고 인기 가수로 떠올랐다. 작은 참새가 우아한 백조로 변신한 기적 같은 일이었다. 그러나 그것도 잠시, 그녀의 삶에 다시금 먹구름이 끼었다. 이듬해 봄, 루이 사장이 자택에 침입한 강도들에 의해 살해되는 사건이 발생한 것이다. 물론 그녀와 무관한 사건이었지만 범인들이 그녀와 잘 아는 사이라는 사실이 불거지면서 세인들의 따가운 시선 속에 무대를 내려와 다시 거리로 나서야 했다.

그런 그녀에게 구원의 손길을 내민 이는 시인이자 작사가였던 레이몽 아소였다. 이미지 쇄신을 위해 '작은 참새'라는 예명 대신 '에디트 피아프'라는 이름을 붙여준 그의 도움으로 그녀는 음반도 내고 다시금 무대에 오를 수 있었다. 첫 음반이 폭발적인 인기를 얻자, 작곡가들마다 노래를 주지 못해 안달이 날 만큼 그녀는 프랑스 최고의 가수가 되었다. 이때부터 평생 이 이름으로 살았지만 사실 그녀의 본명은 에디트 조반나 가시옹이다.

에디트 피아프라는 이름으로 한창 장밋빛 인생이 펼쳐지던 서른 즈음, 그녀는 6살 연하의 남자를 만나 사랑에 빠진다. 그녀의 마음을 빼앗은 남자는 바로 이탈리아 이민자 출신의 프랑스 가수이자 배우였던 이브 몽탕이다. 두 사람은 1944년 물랭 루주에서 만났다. 그녀는 대스타였지만 이브 몽탕은 그녀의 무대 일부를 메워주는 무명 가수였다. 이브 몽탕에게 첫눈에 반한 그녀는 후원자 겸 매니저 역할을 자청하며 함께 노래하고 영화에도 출연하면서 연인으로 발전했다. 그 유명한 〈장밋빛 인생〉은 사랑의 감정을 담아 그녀가 직접 작사한 노래다. 하지만 두 사람이 함께 출연한 영화에 삽입된 노래 〈고엽〉이 뜨면서 인기인이 된 이브 몽탕이 그녀를 떠나가면서 그들의 짧은 사랑도 끝이 났다. 그 남자가 있을 때의 〈장미빛 인생〉은 더없이 감미롭지만 남자가 떠난 후의 이 노래는 서글프다.

이브 몽탕이 떠난 후 공연에 전념하기로 한 그녀는 아홉 명의 젊은 남성들로 이루어진 '샹송의 친구들'과 함께 미국에 진출해 브로드웨이 무대를 장악했다. 그렇게 성공적인 공연을 이어가며 뉴욕에 머물던 즈

사랑한다면 파리

음 그녀는 마르셀 세르당을 만나 다시금 사랑에 빠지게 된다. 프랑스의 권투선수였던 그는 미들급 세계 챔피언 타이틀전을 위해 뉴욕에 건너왔던 참이다. 이곳에서 챔피언에 오른 복싱왕 마르셀과 상송의 여왕 피아프의 사랑을 두고 언론에서는 '세기의 연인'이라며 호들갑을 떨었지만 축복받는 사랑은 아니었다. 마르셀이 세 아이를 둔 유부남이었기 때문이다. 세간의 비난을 무릅쓴 두 사람의 사랑은 더없이 진실했고 뜨거웠고 절절했지만⋯ 하늘이 허락하질 않았던 걸까? 이듬해인 1949년 10월 28일 마르셀은 예기치 못한 비행기 추락 사고로 세상을 떠났다. 뉴욕에서 공연 중인 그녀를 만나러 오던 길이었다.

세상의 비난을 무릅쓰고 누구보다 진실하게 사랑했던 남자가 그렇게 허무하게 떠난 이 세상은 그녀에게도 허무일 뿐이었다. 며칠 동안 방에 틀어박혀 있다 삭발하고 나타난 피아프는 〈사랑의 찬가〉를 애절하게 불러댔다.

푸른 하늘이 무너져 내리고 땅이 무너진다고 해도

당신이 날 사랑한다면 아무래도 좋아요.

매일 아침 내 마음에 사랑이 넘치고 당신 손길에 내 몸이 떨리는 한 아무래도 좋아요.

내 사랑, 당신이 날 사랑하는 한 난 세상 끝까지라도 가겠어요.

내 머리를 금발로 물들일 수도 있어요.

당신이 원한다면 달도 따러 가겠어요. 보물도 훔치러 갈 거예요.

당신이 원하기만 한다면 조국도 버리고 친구들도 버리겠어요.

당신이 날 사랑한다면 사람들이 비웃는다 해도 난 무엇이든 할 거예요.

어느 날 나와 당신의 인생이 갈라진다 해도

당신이 죽어서 먼 곳으로 떠난다 해도 당신이 날 사랑한다면 아무 문제 없어요.

나 또한 당신과 함께 죽는 거니까요.

우리는 영원히 함께하는 거예요. 더 이상 문제없는 하늘 아래서….

내 사랑, 우리가 서로 사랑한다는 걸 믿으시죠.

신은 사랑하는 연인들을 맺어주실 거예요.

수많은 남성을 만났지만 오로지 마르셀 세르당만을 사랑했다고 고백한 그녀가 그를 애도하며 직접 노랫말을 쓴 곡이다. 죽은 연인을 떠올리며 고통스레 노래했을 여인의 눈물겨운 이 사랑은 실패한 게 아니다. 죽음이 갈라놓은 아픈 사랑일 뿐….

아무리 노래해도 채워지지 않는 텅 빈 마음을 메우려 결혼도 했지만 사랑 없이 한 결혼은 4년 만에 파경을 맞는다. 그리스 출신의 가수 조르주 무스타키와의 사랑도 오래가지 않았다. 엎친 데 덮친 격으로 치명적인 교통사고까지 여러 차례 당했던 그녀는 고통을 잊기 위해 술과 모르핀에 깊이 빠져들었다. 그것들이 건강을 야금야금 갉아먹으며 그녀의 몸을 망가뜨렸지만 무대에서의 열정은 멈추질 않았다.

그리고 1962년 가을, 마흔여섯의 피아프는 가수 지망생이던 20대 청년 테오 사라포의 사랑을 받아들였다. 하지만 21살 차이의 이 결혼을 향한 세인들의 시선도 곱지 않았다. 특히나 새파란 젊은이가 나이 많고

쇠약한 피아프에게 끈질기게 구혼한 건 그녀의 유명세와 돈을 노린 것이라는 비난이 거세게 일었다. 그럼에도 불구하고 두 사람은 함께 노래하며 서로의 곁을 지켜나가는 듯 했지만 이번에는 1년 만에 피아프가 세상을 떠나면서 끝을 맺었다. 1963년 10월 11일, 결국 악화된 병을 이기지 못하고 그녀가 47세의 나이로 생을 마감한 것이다. 그녀는 유언을 통해 자신의 장례가 가톨릭식으로 치러지길 원했지만, 보수적인 가톨릭 교단은 그녀의 사생활을 거론하면서 미사를 거부했다. 그녀의 장례식은 작지만 거대했던 상송의 여왕을 애도하는 수만 명의 프랑스 국민들이 운집한 가운데 치러졌다

그녀는 화려했지만 결코 장밋빛 인생은 아니었던 자신의 삶을 후회하지 않았다.

"아니요, 난 아무것도 후회하지 않아요. 좋았던 것도 나빴던 것도 내게는 모두 똑같아요. 모든 것은 이미 청산되었지요. 깨끗이 지웠어요. 나는 과거를 원망하지 않아요."

약물중독으로 고통 받던 말년에 애착을 갖고 부른 〈난 아무것도 후회하지 않아〉는 그녀가 자신의 삶과 생각이라 여겼던 노래다.

그녀는 갔지만, 애절하게 가슴을 파고드는 그 목소리는 영원히 남아 있다. 그녀가 남긴 400여 곡의 노래 중 80여 곡은 직접 작사한 것이다. 그 안에는 자신의 사랑을 담은 노래도 있지만 가난하고 힘겨운 소외 계층을 위로하는 이야기도 적지 않다. 그것은 곧 그녀의 삶이기도 했다. 거리에서 피아프를 발탁한 루이는 참새처럼 작고 가냘픈 그녀의 외모를 부각시키기 위해 검정색 무대의상을 입게 했다. 이때부터 그녀는 언

제나 검은색 드레스만을 고집했다. 팍팍한 삶을 위로하는 노래에 화려한 옷은 어울리지 않는다고 생각했기 때문이다.

그녀와의 결혼으로 비난을 받았던 테오에 대한 오해는 훗날에서야 풀렸다. 피아프가 떠난 후 그에게 남은 건 사실 아무것도 없었다. 술과 약물로 재산을 탕진해온 그녀의 말년은 무일푼이었고 오히려 빚에 시달리던 상태였다. 테오가 사람들의 비난을 감내하고 무대에서 묵묵하게 노래를 불렀던 건 그 빚을 갚기 위함이었다. 그녀의 마지막 사랑은 사람들의 오해와 달리 순수했다. 그랬던 그 남자는 34살 되던 해 자동차 사고로 그녀를 따라갔다. 두 사람은 피아프가 태어난 동네에 있는 페르 라셰즈 공동묘지에 함께 잠들어 있다. 하지만 피아프의 묘비에는 그녀가 유일하게 사랑했다는 남자를 위해 지은 〈사랑의 찬가〉 마지막 구절이 담겨 있다.

'신은 사랑하는 연인들을 맺어주실 거예요.'

오늘도
파리는
연애 중

평범한 노부부의
두 번째 허니문

내가 아름답다고 생각하는 것 중 하나는 오랜 세월을 함께한 노부부가 손을 꼭 잡고 타박타박 느린 걸음으로 산책하는 모습이다. 오랜 세월을 함께했기에 굳이 말을 하지 않아도 서로의 마음을 읽을 수 있을 것만 같은 노부부의 그 모습엔 편안함이 스며 있어 좋다.

묵힐수록 진해지는 사랑은 뭉근하다. 20대의 사랑이 갓 버무려낸 겉절이의 상큼한 맛이라면 30대의 사랑은 적당히 익은 감칠맛이다. 그리고 40~50대를 넘어 노년으로 접어든 사랑에선 묵은지의 깊은 맛이 우러난다. 상큼한 맛은 금세 사라지지만 깊은 맛은 오래간다.

그런 노년의 사랑을 실어 또 다른 파리의 로맨스를 만들어낸 영화가 〈위크엔드 인 파리〉다. 결혼 30주년 차 노부부가 세월 속에 묻힌 젊은 날의 사랑을 찾기 위해 30년 전 신혼여행지에 다시 발을 들인다. 그러나 가슴 떨려서 갔던 그곳을 다리 떨리는 나이가 되어 다시 찾은 노부부의 두 번째 허니문은 달라도 너무 달랐다.

몽마르트르 언덕을 오르는 그들의 몸은 예전 같지 않았고 신혼 때 묵었던 호텔도 노부부처럼 늙어버렸다. 근사했던 신혼 방은 더더욱 초라한 모습으로 변해버렸다. 잘 나가다가도 한 번씩 삐끗거리는 게 부부 사이다. '모두가 오래 살고 싶어 하지만 아무도 늙고 싶어 하지는 않는다'는 벤자민 프랭클린의 말처럼 세월이 할머니로 만들어놓긴 했지만 늙어버린 몸뚱이 안의 마음만큼은 콩닥콩닥 가슴 떨리는 꽃다운 신부로 되돌아가고 싶은 게 여자의 마음이다. 그리고 때론 남자가 알아서 해주길 바라는 게 또한 여자의 마음이다. 그런 여자의 마음을 몰라주고 그렇게 낡은 호텔을 고른 늙은 남편의 무딘 센스가 못마땅한 아내의 불평에 부부는 초장부터 티격태격 말다툼을 한다.

그러자 남편은 홧김에 토니 블레어 총리가 머물렀다는 최고급 호텔의 스위트룸을 잡는다. 기왕에 저지른 일, 에펠탑이 한눈에 보이는 우아한 스위트룸에서 아이처럼 좋아하는 아내의 마음을 헤아려 폼도 좀 잡아가며 맞장구쳐주면 좋으련만⋯ "우리 집 화장실 개조 비용은 날아갔네"라는 말로 초를 확 쳐버린다. 그래서 노부부는 또 티격태격 말다툼을 한다.

대개 나이가 들어가면서 남편은 아내에게 점점 더 의존하고 아내는 남편으로부터 벗어나고 싶어 한다. 냉장고에 곰국이 채워지면 남편들의 가슴이 철렁 내려앉는다는 우스갯소리도 있다. 아내의 외출 신호가 곧 곰국이요, 곰국의 양이 곧 외출 기간이니 말이다. 영화 속 노부부도 예외는 아니다. 아내랑 떨어지는 걸 병적으로 못 견뎌하는 남편에게 아내가 한마디 던진다.

"당신은 꾸준한 게 좋아. 지독히 꾸준한 게…."

'지독히'란 말을 굳이 넣은 그 말투에는 남편의 고리타분한 고지식함이 싫었던 아내의 마음이 고스란히 들어 있다. 아내는 남편을 벗어나 자유로운 삶을 찾고 싶어 하고 남편은 늙어서 아내에게 버림받을까봐 두려워한다. 사사건건 어긋나기만 하는 두 사람을 보면 어떻게 30년을 같이 살았나 싶다. 이미 '아내바보'가 되어버린 남편이 애처로워보였고 '밀당'의 고수이자 철없는 아내가 좀 얄미워 보이기도 했지만 그래도 30년 세월을 함께한 부부다.

오부지게 싸우면서도 떨어지면 불안한 건 아내도 마찬가지다. 한밤 중에 눈을 뜬 순간 남편이 없는 빈자리에 놀라 남편을 찾던 아내의 눈빛은 아내에게 버림받을까 두려운 남편의 눈빛과 다르지 않았다.

"떠나버린 줄 알았어."

"당신이 원하던 거 아니야?"

"안아줘."

티격태격 싸워가며 긴 세월을 함께한 노부부에게는 이미 그만큼의 시간 동안 푹 숙성시킨 묵은지 같은 깊은 사랑의 맛이 진하게 배어버렸다. 자신이 진절머리 내던 남편의 그 고지식한 성격은 예나 지금이나 변함없는 진실함이란 걸 알고, 누군가에게서 벗어나는 것만이 자유를 얻는 게 아니라는 것도 아내는 잘 안다. 그럼에도 툴툴거리며 싸우는 게 부부지간이다. 사실 살아가면서 부부만큼 많이 싸우게 되는 상대도 없다. 하지만 부부싸움도 사랑이 있어야 하는 것. 다툼이 없다는 건 곧 서로를 포기한 것일 뿐이다.

나도 가끔은 남편이 못마땅하고 마뜩찮아 보일 때가 있다. 그럴 때엔 설거지를 하다가도 구시렁거리며, 홧김에 가벼운 욕도 한다. 속으로 하는 게 아니라 소리 내서 한다. 들릴 듯 말 듯 아주 작게…. 들리게 되면 싸움 날까 싶어 안 되겠고 속으로만 삼키자니 답답해서 들릴 듯 말 듯 적당히 하면 그런대로 화풀이가 되기 때문이다. 그러다가도 간간이 보이던 흰 머리카락이 어느새 뽑아줄 수도 없을 만큼 많아진 뒷모습이 애처로워 꽁했던 마음도 슬며시 접어두게 된다.

부부든 연인이든 모든 인간관계는 결국 나의 작품이다. 내가 어떻게 다듬느냐에 따라 아주 훌륭한, 또는 그저 그런, 혹은 최악의 작품이 되어 내 앞에 있는 것이다. 남편과 싸우다 보면 '이 남자가 아닌 다른 사람을 만났더라면 어땠을까' 하는 생각도 들긴 하지만 그렇게 다른 남자와 살다 보면 지금 사는 이 남자를 떠올릴지도 모를 일이다.

시테 섬 안의
노트르담 스캔들

〈위크엔드 인 파리〉 또한 토닥토닥 싸우고 화해하는 '꽃노인' 부부의 발길을 따라 파리의 명소뿐 아니라 뒷골목까지 파고들며 파리의 운치를 친절하게 보여준다. 이제는 가슴 떨리는 나이도, 아직은 다리 떨리는 나이도 아니지만 가끔은 남편 손도 잡아가며 노부부가 몸담았던 센 강변을 걸었다. 파리의 명소들을 품은 센 강변은 그 자체가 세계문화유산이니 물줄기를 따라 한번쯤 걸어볼 만하다.

우리의 강변 산책은 파리의 역사가 시작된 시테 섬을 출발점으로 하여 파리의 상징인 에펠탑까지 이어졌다. 파리의 척추 격인 구간이다. 다소 긴 여정이긴 했지만 시대를 초월한 파리지앵들의 사랑과 역사, 예술을 아우르는 파리의 실체를 익히는 데 이보다 좋은 것은 없지 싶다.

파리의 발상지 시테 섬을 대표하는 것은 노트르담 대성당이다. 고딕양식 건축물의 걸작으로 꼽히는 이 성당은 제2차 세계대전 당시 독일군이 파리에서 퇴각할 때 폭파 명령을 받은 병사가 그 아름다움에 압도되어 차마 파괴시키지 못했다는 일화로도 유명하다. 노트르담 Notre Dame

은 '우리들의 귀부인'이라는 의미로 성모 마리아를 뜻한다.

노트르담 대성당은 프랑스 역사의 산 증인이다. 이곳에서 거행된 황제 즉위식과 왕족의 결혼식을 묵묵히 지켜보았고, 백년전쟁의 영웅이었다가 마녀로 몰려 열아홉 꽃다운 나이에 불길 속에서 죽어간 잔 다르크의 명예를 회복시켜준 장소가 되기도 했다. 역사의 소용돌이 속에서 수난도 겪었다. 출입문까지 넓혀가며 자신의 마차를 타고 들어온 루이 15세의 뜨악한 횡포에 짓밟히기도 했고 프랑스 혁명 당시엔 군데군데 파괴되어 창고가 되기도 했다. 그렇게 황폐해진 성당을 다시 살려낸 건 다름 아닌 한 권의 소설이다. 바로 1831년에 출간된 빅토르 위고의 《노트르담 드 파리》다. 우리에겐 과거 《노트르담의 꼽추》로 알려진 이 소설로 인해 성당은 제 모습으로 복원되었고, 다시금 사람들의 발길을 끌어들였다.

소설 속에선 한 여자를 두고 세 남자가 연정을 품는다. 삼각관계를 넘어선 복잡한 노트르담 스캔들의 중심에는 에스메랄다가 있다. 에스메랄다는 카르멘과 더불어 집시여인의 대명사로 꼽히는 인물이다. 둘 다 치명적인 아름다움으로 뭇 남성들을 사로잡지만 그 아름다움 때문에 죽어야 했던 비운의 여인들이다.

치명적인 미모를 쫓는 마음에는 나이도 외모도 계급도 없다. 관능적인 에스메랄다는 근위대장으로 하여금 약혼녀를 버리게 했고 늙은 성직자의 가슴에도 불을 지른다. 흉측한 외모의 꼽추 콰지모도도 예외는 아니다. 그러나 에스메랄다가 사랑하는 사람은 오로지 젊은 근위대장

뿐이다.

그릇된 사랑의 감정은 집착으로 변하고 그 집착은 이성을 잃게 만든다. 내가 먹을 수 없는 건 결코 남도 먹어선 안 된다는 그릇된 사랑의 심보는 물랭 루주의 돈 많은 공작처럼 무서운 질투심을 낳는다. 그 질투심을 이겨내지 못한 노트르담 성당의 늙은 성직자는 근위대장을 칼로 찌르고 에스메랄다에게 누명을 씌운다. 졸지에 범죄자가 된 에스메랄다를 성당 종지기 콰지모도가 성당 안으로 피신시키지만 결국 성직자의 체포 명령을 받은 근위대장에게 끌려나와 교수형에 처해진다. 그 광경을 탑에서 내려다보던 늙은 성직자 또한 콰지모도에게 떠밀려 비참한 추락사를 당한다. 성직자를 죽음으로 밀어버리고 사라진 콰지모도는 오랜 세월이 흐른 후 에스메랄다의 유골을 꼭 껴안고 있는 앙상한 뼈의 모습으로 발견된다.

성직자의 뒤틀린 사랑이 모두를 파멸로 이끈 《노트르담 드 파리》의 시대 배경은 15세기 중세시대다. 당시 프랑스는 누구에게나 평등한 사회가 아니었다. 귀족이나 성직자는 죄를 지어도 처벌받지 않았고, 힘없는 서민은 뻔한 누명을 쓰고도 죽음을 면치 못하는 시대였다. '그래도 살 만한 세상'이 아니라 '그래도 살아야 하는 세상'이었다. 특히 종교가 절대적인 힘을 발휘하던 그 시대의 성직자는 누구도 감히 맞설 수 없는 존재였다. 막강한 권력자의 눈치를 봐야 하는 이의 사랑은 얄팍해질 수밖에 없다. 에스메랄다에게 눈이 멀어 약혼녀를 배신했던 근위대장 또한 그 힘에 눌려 사랑을 지키지 못한 건 그도 살아야 했기 때문이다.

사랑한다면 파리

'모든 국민은 법 앞에 평등하다'. 우리나라 헌법 제11조 제1항이다. 정말 오늘날의 모든 국민은 법 앞에 평등할까? 그런데 왜 오래전 한 범죄자가 했던 그 말, 죄를 지어도 돈이 있으면 죄가 안 되고 돈이 없으면 죄인이 된다는 '유전무죄 무전유죄'란 말에 많은 사람들이 수긍하는 걸까? 정말이지 '그래도 살아야 하는 세상'이 아니라 '그래도 살 만한 세상'이 되었으면 좋겠다.

빅토르 위고는 노트르담 성당 구석에 새겨진 '아나키아ANArKH'라는 글자에 영감을 얻어 이 소설을 썼다고 했다. 아나키아는 그리스어로 '숙명'을 뜻한다. 우리의 사전적 의미로 숙명은 '태어날 때부터 정해진 피할 수 없는 운명'이라 되어 있다.

빅토르 위고가 생각한 숙명의 의미는 뭐였을까? 어쩌면 피할 수 없는 운명이라는 게 당사자의 의지라기보다는 누군가가 피할 길이 없도록 만들었기 때문이라는 걸 강조하고 싶었는지도 모른다. 《노트르담 드 파리》는 삼각관계에 얽힌 치정극으로 보일 수도 있지만 내면을 들여다보면 왜곡된 사회제도 속에서 말 한마디 못하고 살아야 하는 소외 계층의 숙명적 아픔을 드러낸 사회 고발 소설이다. 에스메랄다의 어이없는 죽음도 곧 그 시대의 약자가 자신의 의지로는 결코 피할 수 없는 숙명이었던 거다.

중세시대에는 '마녀사냥'이 만연했다. 사회적 혼란이 야기될 때마다

사랑한다면 파리

사람들의 눈을 다른 곳으로 돌려 그 책임을 회피하려는 지배층의 속성이 만들어낸 산물이다. 사람들을 현혹시키고 혼란을 일으킨 요물로 몰려 희생당하는 이들은 '마녀'라는 명칭에서 짐작되듯 대부분 여성이었다. 백년전쟁에서 나라를 구한 영웅으로 추앙받던 잔 다르크 또한 지배자들에게는 눈엣가시였기에, 한순간 마녀로 둔갑해 죽음을 면치 못했다. 훗날 노트르담 성당에서 열린 재판으로 무죄 선고를 받아 마녀에서 벗어나긴 했지만 이미 마녀로 몰려 죽어버린 그녀에게 무슨 소용이랴.

여성 중에서도 주된 타깃이 된 것은 항변해줄 사람이 없는 집시와 돈 많은 과부였다. 돈 많은 과부가 대상이 된 건 바로 그 돈 때문이다. 잡히는 순간부터 죽음에 이르기까지 드는 비용은 고스란히 마녀가 지불해야 했고 죽고 나면 전 재산 몰수의 형벌이 뒤따르니 이보다 수지맞는 장사가 어디 있으랴. 그러나 자신을 죽음으로 몰아가는 고문 기술자와 판사의 인건비, 화형 집행에 필요한 경비도 내야 하고 남은 재산까지 바쳐야 하는 마녀는 얼마나 억울했을까?

어디선가 읽은 기억을 더듬어보면 마녀를 만들어내는 과정도 교묘했다. 한 예로 마녀 용의자를 물속에 빠뜨린다. 물은 순수한 속성을 지니고 있다고 믿었기에 그곳에 빠져 순순히 죽으면 혐의가 벗겨지지만 빠져나오려고 발버둥을 치면 곧 사악한 마녀가 되어 화형에 처해지니 일단 마녀로 지목되면 이래도 죽고 저래도 죽어야 하는 피할 수 없는 운명이었다. 에스메랄다의 죽음도 누명을 쓴 범죄자 이면에 그녀가 마녀 사냥의 대상인 집시였기 때문이기도 했다.

집시는
낭만이 아니야

집시 하면 괜한 낭만을 떠올리는 이들도 있지만 유럽 전역에 흩어져 떠돌이 생활을 하는 집시는 예나 지금이나 유럽인들에겐 골칫거리다. 그로 인해 중세에는 마녀사냥의 먹잇감이 되었고, 이후에도 그야말로 씨를 말리기 위해 집시 여성을 상대로 강제 불임수술까지 자행했다고 한다. 지금도 집시들은 치안을 이유로 거주지에서 쫓겨나는 게 다반사다. 합법적인 일자리를 구할 수도 없는 처지라 대개 소매치기로 전락해버리니 악순환은 계속된다.

나도 그런 집시들을 두 번이나 마주쳤다. 비교적 관광객이 적은 한적한 곳에서였다. 가무잡잡한 피부의 집시 여인들은 네다섯 명이 몰려다녔다. 그들은 내게 다가오면서 "캔 유 스피크 잉글리쉬?" 하며 말을 걸었다. 대답 대신 살짝 웃어주었다. 그랬더니 무리 중 한 여인이 내게 한 발짝 더 다가와 종이와 펜을 내밀며 뭔가 사인을 하라는 시늉을 했다. 나는 거부 의사로 고개를 옆으로 살랑살랑 흔들었다. 그럼에도 불구하고 그 여인은 물러서지 않고 오히려 내 옆으로 더 바짝 다가왔다. 그와 동시에 옆에 있던 다른 여인들까지 가세해 순식간에 나를 에워쌌다. 찰거머리 달라붙듯 거리를 좁혀오는 그녀들의 빠른 몸놀림에 순간 등줄기가 서늘하고 머리가 쭈뼛 서는 느낌이었다. 나를 에워싼 그녀들의 눈동자가 빠르게 움직이다 엑스자로 둘러맨 내 가방에 꽂히는 걸 직감한 순간, 반사적으로 양손으로 가방을 움켜쥐었고 나도 모르게 "노 노!"

소리가 비명처럼 아주 크게 튀어나왔다. 그 소리에 한참 앞서가며 사진 촬영에 열중했던 남편이 뛰어오고 주변 관광객의 눈길이 쏠리자 그녀들은 어느새 슬금슬금 소리 없이 흩어져버렸다.

　내게 그랬던 것처럼 그들은 주로 혼자이거나 일행이 둘 정도인 관광객만 골라 종이와 펜을 내밀며 서명을 요구한다. 물론 응하면 안 된다. 그들이 내민 종이에는 기부금을 준다는 내용이 담겨 있고 프랑스는 서명의 효력이 강한 나라라 영락없이 기부금을 내주어야 한다. 하지만 그보다 위험한 건 서명하는 틈을 타 소매치기를 당하는 일이다. 돈도 돈이지만 여권을 소매치기 당하면 정말 난감하다. 그렇게 살 수밖에 없는 그들의 애환에 일면 연민이 느껴지기도 하지만 여행자를 난감하게 하는 건 사실이니 피해 가는 게 상책이다. 나 역시 며칠 후 또 다른 한적한 곳에서 그녀들과 다시 마주쳤지만 첫 경험을 바탕으로 무탈하게 지나쳤다.

연인들의
숨겨진 프러포즈 명소

　센 강에 떠 있는 시테 섬은 길쭉한 게 마치 배 한 척이 둥둥 떠 있는 듯한 형상이다. 노트르담 성당을 등지고 퐁네프 다리로 향하면 다리 밑으로 아담한 공원이 내려다보인다. 시테 섬 서쪽 끝자락에 뱃머리처럼 뾰족하게 불거진 이 아담한 공간은 베르 갈랑Vert Galant 공원이다. 베르 갈랑이란 '기운찬 바람둥이'라는 의미다. 아니, 공원 이름을 왜 바람둥이라 했을까? 이는 앙리 4세와 연관이 있다. 1607년 파리 최초의 돌다리를 완성한 이가 앙리 4세였고 앞서 언급했듯 끊임없이 여색을 밝혔던 앙리 4세의 별명이 바로 '베르 갈랑'이기 때문이다.

지금까지 남아 있는 것 중 파리에서 가장 오래된 다리인 퐁네프는 파리에서 가장 긴 다리이기도 하다. 우아한 아치형 난간으로 이어진 다리 한복판에는 앙리 4세의 기마상이 여전히 늠름한 모습으로 센 강을 바라보고 있다. 그 기마상의 말 꼬랑지 뒤편에는 베르 갈랑으로 내려가는 아주 좁은 계단이 연결되어 있다. 숱한 염문을 뿌린 바람둥이 왕의 흔적이 깃들어서일까? 파리는 어딜 가나 키스하는 연인들을 흔히 볼 수 있지만 외부에서 쉽사리 눈에 띄지 않는 이 은밀하고 아늑한 공원은 더더욱 키스하기 좋은 장소로 소문이 나 사랑을 속삭이는 연인들이 유난히 많거니와, '센 강이 마르고 닳도록 사랑하겠노라' 다짐하며 프러포즈 하는 장소로 유명한 로맨틱한 공간이다.

파리에서
가장 파리다운 곳

노트르담 성당 꼭대기에는 괴수 키마이라의 조각상이 센 강을 말없이 굽어보고 있다. 그 모습이 왠지 노트르담의 종지기 콰지모도 같다는 생각이 들었다. 그 가련하고 외로운 꼽추도 이곳에서 자신의 유일한 친

구였을 거대한 종을 만지작대며 흠모하는 에스메랄다를 말없이 훔쳐보곤 했을 거다. 콰지모도가 내려다봤을 성당 앞 광장에는 청동 별 모양의 포앵 제로Point Zero가 박혀 있다. 파리를 중심으로 지역 간 거리를 측정하는 기준점이다. 그런데 이곳을 밟고 한 바퀴 돌면 파리에 다시 온다는 속설이 돌면서 이 작은 청동별은 숱한 발길에 치여 반질반질하다. 나도 〈위크엔드 인 파리〉의 노부부처럼 훗날 다시 파리를 찾아오고자 별을 밟고 한 바퀴 돌고 난 뒤 생루이 섬으로 건너갔다.

노트르담 성당 뒤편에서 다리 하나만 건너면 되는 생루이 섬은 시테 섬의 명성에 가려져 후미진 곳처럼 보이지만 알고 보면 파리 사람들이 '파리에서 가장 파리다운 곳'이라 인정하는 곳이요, 그들이 가장 살고 싶어 하는 매력적인 곳이다. 수백 년 전 파리의 이름 있는 예술가들과 귀족들의 거주지였던 이곳은 지금도 파리의 부유층들이 사는 부자 동네다.

17세기 모습 그대로의 옛 건물이 즐비한 이 작은 섬엔 거미줄처럼 촘촘한 파리의 지하철역도 없고 차량 통행도 많지 않다. 그리 번잡하지 않으면서 은밀한 매력을 발산하는 골목길에는 작지만 세련되고 톡톡 튀는 개성이 넘치는 상점도 많아 여행자의 눈을 즐겁게 해준다. 걷다 보면 독특한 디자인의 상품들이 발걸음을 자꾸만 멈추게 했고 순간순간 지갑을 열고픈 충동이 일게 했다.

또한 먹기보다 갖고 싶은 과자나 초콜릿을 파는 곳도 유난히 많은 달콤한 거리이기도 했다. 이 안에는 파리에서 가장 맛있다고 소문난 베르티옹Berthillon 아이스크림 가게도 있다. 워낙 유명해진 아이스크림인지

라 섬 초입에도 '베르티옹'이란 간판을 내건 아이스크림 집이 있지만 1954년에 문을 열어 대를 이어가고 있는 원조 베르티옹은 생루이 섬 한복판을 가로지르는 골목 중간 즈음에 있다. 쫄깃쫄깃하면서도 입안에서 사르르 녹는 그 아이스크림 한 점 먹으려는 사람들이 언제나 길게 늘어서 있으니 가게를 찾는 일은 어렵지 않다. 또한 그 주변에는 너도나도 아이스크림을 빨아먹는 사람들 천지다. 나도 아이스크림을 사들고 그들처럼 먹으며 골목을 빠져나와 섬 가장자리의 센 강변길로 들어섰다. 그 강변에 늘어선 고풍스런 아파트 한 곳에는 로댕의 연인 카미유 클로델의 자취가 남아 있다.

사랑한다면 파리

로댕의 냉정, 카미유의 열정, 뵈레의 순정

카미유 클로델1864~1943. 그녀는 이자벨 아자니가 열연했던 1988년도 영화 〈까미유 끌로델〉을 통해 로댕의 연인으로 각인되어 있다. 그러나 단순히 로댕의 연인이 아닌, 로댕 못지않은 재능과 열정을 지닌 조각가였던 그녀의 삶은 영화로 만들어질 만큼 드라마틱하다.

어릴 때부터 남다른 재능을 보이며 조각가가 되고 싶어 했던 딸을 아버지는 적극 후원했지만 엄마는 탐탁지 않아 했다. 그녀의 아버지는 딸의 재능을 키워주기 위해 파리에서 이름난 미술 명문학교인 에콜 데 보자르에 보내고자 했지만 당시 그곳에선 여학생을 받아주지 않았다. 다른 학교도 대개는 여성에겐 불리한 조건투성이었다. 그럼에도 카미유는 파리의 한 아카데미에서 꿋꿋하게 버텨나가다 첫 스승인 알프레드 부셰의 소개로 오귀스트 로댕을 만나게 된다. 그녀 나이 열아홉, 로댕 나이 마흔셋 때다.

카미유의 재능과 미모에 끌린 로댕은 바로 조수로 발탁해 자신의 작업에 동참시킨다. 로댕의 명작 〈지옥의 문〉과 〈칼레의 시민〉은 사실 누가 작업한 것인지 분간하기 어려울 만큼 뒤섞여 있어 두 사람의 합작품이나 다름없다. 역동적인 로댕의 조각에 부드러움과 섬세함을 더할 수 있었던 건 카미유 덕분이다. 그럼에도 작품은 고스란히 로댕의 이름으로 남아 있다. 하긴 요즘 우리 사회에서도 제자 논문을 자기 것인 양 둔갑시켜 버젓이 발표하는 스승이 있으니 로댕은 그나마 나은 건지도 모르겠다.

함께 작업을 하는 동안 두 사람은 24살 나이 차를 넘어 사랑의 늪에 빠져들면서 연인 사이가 된다. 그녀는 로댕의 작품을 위해 모델이 되어주기도 했다. 긴 시간이 요구되는 조각품 모델이란 결코 쉬운 일은 아니다. 또 그녀의 작업 시간을 뺏는 것이기도 했다. 그럼에도 그녀는 〈사쿤탈라〉로 프랑스 예술인 살롱전에서 최고상을 받는다. 힌두교 전설에서 영감을 받은 이 작품은 마술에 걸려 눈이 먼 사쿤탈라가 남편과 재회하는 모습을 애틋하면서도 에로틱하게 표현해냈다. 부부가 같이 살다 보면 닮아가듯 그들이 함께 하며 만들어낸 작품 중엔 닮은꼴이 많다. 특히 로댕의 〈키스〉와 카미유의 〈사쿤탈라〉는 아주 많이 닮았다.

카미유는 연인을 넘어 로댕의 아내가 되고 싶어 했다. 로댕의 숨겨진 여인이 아닌 어엿한 부부가 되어 예술의 동반자가 되길 원했다. 그러나 로댕에게는 이미 수십 년간 동거해온 여인 로즈 뵈레가 있었고, 여성 편력이 심했던 로댕은 애매모호한 태도만 취할 뿐이었다. 작업실에서 수많은 여인들과 섹스를 즐기며 그가 내세웠던 논리는 여인의 몸을 더듬는 행위는 곧 작품의 영감을 얻기 위함이라는 거였다. 그 모습에 극도의 배신감을 느낀 카미유는 로댕 품 안의 인형이 되길 거부한다. 낙태를 거듭하면서도 그의 사랑을 믿었기에 20대 청춘을 고스란히 바쳤고, 로댕의 예술적 영감을 자극했던 카미유는 그와의 10년 세월을 청산하고 홀로서기를 한다. 결별하는 순간 카미유는 그 10년의 세월을 '꿈 같은 지옥'이라고까지 표현했다.

그러나 그녀의 홀로서기는 외줄타기처럼 위태로웠다. 로댕과 결별

후 열정을 쏟아낸 그녀의 작품은 나름 찬사도 받고 후원자도 생겼지만 오래가진 못했다. 남성 이름으로 필명을 썼던 조르주 상드의 예에서 보듯, 철저히 남성 중심 사회였던 그 시절에는 재능 있는 여성 예술가를 원치 않았다. 재능이 뛰어날수록 인정하기보다는 은폐하려던 세상이었다. 말했다시피 로댕의 〈키스〉와 카미유의 〈사쿤탈라〉는 구도와 몸짓이 너무나 흡사하다. 그럼에도 로댕의 작품은 에로틱한 창작물로 인정받고 카미유의 작품은 외설물이라는 비난을 받았다. 게다가 로댕의 아이디어를 훔친 모방자란 모욕까지 보태졌다. 그러나 오늘날에는 오히려 로댕이 카미유의 작품을 베끼다시피 한 것이라는 의견도 많다.

당시 예술계의 거물이었던 로댕의 입김은 셌다. 조각가로 홀로서기를 원했던 그녀도 로댕 앞에선 바람 앞의 촛불 신세였다. 그녀의 전시는 일부 작품들이 지나치게 외설적이란 이유로 거부되거나 실패로 끝났고, 공교롭게도 전시 중이던 그녀의 한 작품이 사라지자 로댕의 소행이라 생각한 카미유의 비난으로 둘 사이는 영원히 멀어졌다.

로댕과 틀어지면서 입지가 좁아진 그녀는 생활고를 겪게 된다. 그런 카미유에게 로댕은 고객을 소개하거나 작품을 사주는 등 얄팍한 선심을 베풀었지만 정작 그녀가 조각가로 성공할 수 있는 기회는 방해하는 이중성을 보였다. 그녀의 손을 빌어 자신의 작품을 만들어왔던 로댕은 누구보다 그녀의 재능을 잘 알았던 사람이다. 그 재능이 자신을 앞서갈지도 모른다는 불안감도 있었을 테고 여성이자 제자였던 사람과 비교되는 것도 싫었을 테다. 그녀의 작품 중엔 로댕이 결코 마주하고 싶지 않았을 〈중년〉도 있다. 무릎 꿇고 애원하는 젊은 여인을 뿌리치고 늙은 여인을 향해 가는 중년 남자의 모습은 영락없이 카미유를 배신한 로댕의 모습이었기 때문이다. 당시 로댕을 의식해 고객 누구도 거들떠보지 않았던 이 작품은 현재 오르세 미술관에 전시되어 있다.

작품 활동이 어려워지면서 우울증에 빠진 카미유는 자신의 작품을 부숴버렸고 로댕이 자신의 성공을 방해하려 한다는 피해망상에 시달리기 시작했다. 그즈음부터 1913년 정신병원에 수용되기까지 14년간 그녀가 살았던 곳이 바로 이 생루이 섬의 아파트다.

1913년은 카미유의 아버지가 사망한 해다. 자신을 유일하게 아꼈던 아버지의 죽음으로 인한 충격이 채 가시기도 전에 그녀는 어머니와 동생들의 동의하에 파리 근교의 정신병원에 갇히게 된다. 그리고 이듬해 제1차 세계대전이 발발하자 아비뇽 부근의 정신병자 수용소로 옮겨졌다. 가족 외엔 면회가 일절 금지되었지만 어쩌다 한 번 오는 남동생을 빼곤 그 누구도 찾아오지 않았다. 세상 누구보다도 엄마라면 그 가엾은 딸을 보듬어주는 게 인지상정이건만 그녀의 엄마는 왜 그렇게 딸을 내쳤을까? 정신적으로 문제가 있었다지만 사실 정신병원에 수용될 정도까진 아니었는데도 말이다.

카미유는 어머니에게 있어 태생부터 마음을 줄 수 없는 대상이었다. 1남 2녀 중 장녀로 태어났지만, 그녀 앞엔 생후 2주 만에 죽은 오빠가 있었다. 아들을 잃은 엄마 입장에선 그 뒤에 태어난 카미유는 아들을 잡아먹고 나온 딸일 뿐이었다. 딸에 대한 애정이 눈곱만큼도 없었던 어머니는 아버지와 달리 평생 딸을 냉랭하게 대하며 못마땅해했다. 그래서 그랬던 것일까?

어머니에 의해 정신병자가 되어 강제로 수용된 카미유는 그날 이후 30년 동안 단 한 번도 세상 밖으로 나오지 못한 채 쓸쓸하게 생을 마감했다. 사망 후에도 그녀는 무연고자가 되어 무덤조차 없이 다른 주검들과 함께 무더기로 매장됐다. 일흔아홉 나이의 죽음은 세상에 미련을 둘 만큼 이른 건 아니다. 그러나 카미유의 삶은 사실상 정신병원에 수용되던 그날, 마흔아홉 나이에 끝난 셈이다.

죽음과도 같은 그녀의 30년 삶은 알려진 바 없지만 딱 100년 후인 2013년 가을에 개봉된 영화 〈까미유 끌로델〉에서 그 삶을 짐작해볼 수 있다. 그녀가 남동생인 폴 클로델과 주고받은 서신과 병원 진료 기록을 바탕으로 만든 이 영화의 카미유는 줄리엣 비노쉬다. 이자벨 아자니의 카미유 클로델이 사랑과 열정, 광기를 토해낸 젊은 예술가였다면 줄리엣 비노쉬의 카미유 클로델은 세상과 가족에게 버림받은 고독한 중년

카미유 클로델이 살았던 생루이 섬의 아파트 앞

여인이다.

영화 속엔 단 3일간의 이야기만 담겨 있다. 남동생 폴이 면회 올 거란 소식에 가슴 설레며 기다리고 동생을 만나 짧은 대화를 나누는 것이 전부인 영화는 덤덤하다. 그러나 보는 내내 가슴이 먹먹했다. 잿빛 하늘과 메마른 나뭇가지, 삭막한 언덕만 가득한 그 속에서 때 되면 먹고 한차례의 산책이 일상의 전부인 단조롭고 무료한 그녀의 삶은 죽음보다 나을 게 없어 보였다. 그 단조로운 3일은 곧 그녀의 30년이었다. 하루 종일 울거나 괴성을 지르는 중증 환자들에 비하면 그녀는 약간의 피해망상증 외엔 멀쩡하다. 그래서 그녀는 더 괴롭다. 그 안에서 그녀는 어떻게 30년을 버텨냈을까?

오랜만에 만난 동생에게 그녀는 말한다.

"집으로 돌아가 문 닫고 살고 싶어…. 도와줘…."

그러나 동생은 절박한 심정이 담긴 누나의 그 말을 흘려버린다.

집으로 돌아가 문 닫고 살고 싶어 했던 생루이 섬의 부르봉가 19번지 아파트의 육중한 문은 '카미유 클로델 아뜰리에' 표시판을 달고 굳게 닫혀 있었다. 그리고 그녀가 남긴 작품은 그녀가 사랑하고 증오했던 로댕의 미술관 내에 전시되어 있다.

그렇다면 로댕의 또 다른 연인 로즈 뵈레는 어땠을까. 그녀가 로댕을 만난 건 열아홉의 카미유처럼 스무 살 꽃다운 나이였다. 로댕 또한 카미유를 만났을 때의 중년이 아닌 스물넷 '꽃청춘'이었다. 카미유가 태어난 바로 그 해였다. 카미유를 만났을 때의 로댕은 예술계의 거물이었

지만 뵈레를 만났을 때의 로댕은 가난한 예술가 초년생이었다.

당시 로댕은 여인의 흉상을 만들고 싶었지만 돈 주고 모델을 구하긴 어려운 형편이었다. 그러다 우연히 한 양복점에서 재봉사로 일하던 뵈레를 만나게 됐고, 오뚝한 코에 깊은 눈매를 지닌 그녀의 모습을 조각하고 싶다며 모델이 돼달라고 부탁했다. 평소 예술가에 대한 동경심을 갖고 있던 그녀는 로댕의 요청을 조건 없이 받아들였다. 그리고 1년여의 작업 끝에 '꽃장식 모자를 쓴 소녀'라는 이름으로 뵈레의 얼굴이 완성됐다.

카미유가 그랬듯 함께 작업을 하던 두 사람은 자연스럽게 연인으로 발전했다. 작업이 끝난 후 로댕이 그녀에게 동거를 제안하면서 둘은 함께 살기 시작한다. 로댕이 '나에게 동물적인 충성심을 지닌 여자'라고 표현했을 만큼 그녀는 가난한 예술가 연인을 위해 헌신을 다했다. 그러

사랑한다면 파리

다 아이를 갖게 된 뵈레가 결혼을 요구하자 로댕은 "예술가의 삶은 결혼하는 순간 끝"이라며 거절하는 것을 넘어 낙태까지 종용했다. 그래도 뵈레는 아이를 저버리지 않았다. 하지만 로댕은 뵈레가 낳은 아들을 자신의 아이로 인정하지 않았고, 자신의 성도 붙이지 말라는 매몰찬 말에 아이에겐 외젠 뵈레라는 이름이 붙여졌다.

로댕은 작품 활동을 한다는 핑계로 끊임없이 바람도 피웠다. 그러면서도 그녀를 놓아주지 않았다. 오로지 자신에게 헌신적이었던 여인이었기에 사랑이라기보다는 필요에 의해 곁에 잡아둔 꼴인지도 모르겠다. 부부든 연인이든 상대방을 참으로 비참하게 만드는 것이 바로 한쪽의 외도요, 바람기다. 그것이 카미유를 아프게 했고 또한 뵈레를 아프게 했다.

로댕은 뇌졸중으로 쓰러지고 나서야 쓰러진 자신의 옆을 지켜주는 사람은 뵈레뿐이라는 생각에 비로소 그녀에게 청혼한다. 로댕은 예술에서도 사랑에서도 이기주의자였다. 아비 없는 자식을 만들고 싶지 않아 모욕과 바람기를 감내하며 평생 로댕과의 결혼을 꿈꿔왔던 그녀는 일흔셋 할머니가 되어서야 그 꿈을 이루게 된다. 그러나 결혼 직후 그녀는 급성폐렴으로 세상을 떠나고 말았다. 53년의 기다림 끝에 이룬 그녀의 결혼생활은 단 2주뿐…. 너무나 짧은 시간이다.

카미유의 사랑이 열정이었다면 로댕의 사랑은 냉정이었고 뵈레의 사랑은 순정이었다. 조각가로서의 명성은 높았던 로댕이지만 인간적으로는… 나도 그가 밉다.

PАris Sketch

중년이 되어서야 빛을 본
로댕

　사랑을 놓고 보여준 그의 행실은 밉지만 어쨌거나 로댕은 미켈란젤로 이후의 최대 거장이자 현대 조각의 아버지로 손꼽히는 조각가다. 하지만 로댕이 처음부터 잘나갔던 건 아니다. 마흔이 되어서야 능력을 인정받았지 그 전까지는 조각가로서 자존심 상하는 일도 적지 않았다.

　1840년, 경찰서 말단 직원의 아들로 태어난 로댕은 14살 때 프티 에콜_{공예실기학교}에 들어가 3년간 공부한 것이 학업의 전부다. 열일곱 살이 된 로댕은 카미유가 그토록 가고 싶어 했으나 여학생이란 이유로 받아주질 않았던 '에콜 데 보자르'의 입학시험에 응시했지만 3년 연속 떨어졌다. 그리고 이듬해엔 아버지가 퇴직하는 바람에 학교에 대한 꿈을 접어야 했다. 당장 생활전선에 뛰어들어야 했던 그가 맡은 일은 지붕이나 계단, 출입문 등에 붙일 장식품을 만드는 것이었다.

　이후 각별하게 지내던 누이의 죽음과 살롱전의 낙선 등으로 충격과 좌절을 겪던 로댕은 1870년 보불전쟁에 징집되었다가 이듬해 제대했다. 그는 전쟁 여파로 어수선한 파리를 떠나 벨기에로 향했다. 그곳에서 수년간 머물며 장식품 만드는 기술자로 일하던 중 떠난 이탈리아 여행은 그가 장인이 아닌 작가로 발돋움하는 발판이 되어주었다. 특히 피렌체에서 마주한 미켈란젤로의 작품에 매료된 로댕은 새로운 영감을 얻어 〈청동시대〉를 만들고 파리로 돌아와 살롱전에 출품했으나 근거 없는 의심만 받게 된다. 인체 묘사가 너무나 생생해 혹여나 사람의 몸을 석고

형으로 본떠 만든 게 아니냐는 게 그 이유였다. 살롱전에서 좋은 성적을 거두진 못했지만 그것이 오히려 세간의 이목을 끌면서 정부가 그 작품을 사들였고, 정부로부터 건립 예정인 장식미술관의 출입문 제작 의뢰까지 받는다. 이것이 곧 로댕의 대표작 중 하나인 〈지옥의 문〉이다.

단테의 《신곡》 중 〈지옥편〉에서 모티브를 얻은 〈지옥의 문〉은 그의 나이 마흔인 1880년에 시작해 평생 틈틈이 붙잡고 있다 죽기 전까지도 매듭짓지 못한 미완성 작품이다. 〈지옥의 문〉이 미완으로 그친 건 장식미술관 건립이 백지화된 이유도 있지만 3년이란 납품 기일을 넘기고 넘겨 작업에 상당한 시일이 걸렸기 때문이다. 그도 그럴 것이 6미터가 훌쩍 넘는 거대한 문짝에 담긴 인물이 무려 186명이고, 그 안에는 너무나 잘 알려진 〈생각하는 사람〉도 들어 있다. 어쨌거나 〈지옥의 문〉을 시작으로 〈칼레의 시민들〉 〈키스〉 〈생각하는 사람〉 들을 연이어 빚어내면서 로댕의 명성은 날로 높아졌다. 한때 시인 라이너 마리아 릴케가 그의 비서로 일한 적도 있을 만큼 그는 당대의 유명인사였다.

로댕의 수많은 작품 중 내 마음을 끈 건 〈칼레의 시민들〉이다. 그 안에 담긴 사연 때문이다. 이는 왕위 계승과 영토 분쟁을 놓고 프랑스와 영국 간에 벌어진 '백년전쟁1337-1453' 당시 항구도시 칼레를 구한 6명의 인물들을 묘사한 작품이다. 프랑스 북부에 위치한 칼레는 도버해협을 사이에 두고 영국과 가장 가깝게 마주한 곳이다.

100년 넘게 이어진 이 지겨운 싸움은 결국 잔 다르크가 이끈 프랑스의 승리로 끝났지만 전쟁 초기에는 영국이 단연 우세였다. 그 여세를 몰아 영국은 가까운 칼레를 집중 공략해 함락 직전에 이르렀지만 칼레 시민들의 눈물겨운 저항은 1년이나 지속되었다. 그러나 거기까지였다. 더 이상 버티기 힘겨웠던 칼레 사람들은 1347년, 결국 항복을 선언하고 관용을 구했다. 하지만 영국 왕 에드워드 3세는 이들의 요구를 순순히 받아들이지 않았다. 1년이나 끈질기게 버티며 자신을 고생시킨 괘씸죄로 한 가지 조건을 내세웠다. '칼레시를 대표하는 명망 있는 인사 6명의 목숨을 내놓으면 나머지 모든 사람들을 살려주겠다'는.

칼레 시민들은 고민에 빠졌다. 6명이 죽어야 한다. 그렇다면 누가 죽어야 할 것인가. 자신의 희생으로 많은 이들의 목숨을 구할 수 있지만, 세상에 죽고 싶은 사람이 어디 있으랴. 내가 죽고 싶지 않다고 다른 이를 지목할 수도 없는 노릇. 이러지도 저러지도 못하는 상황에 침묵을 깨고 가장 먼저 나선 이는 칼레에서 가장 부자였던 외스타슈 드 생 피에르였다. 그러자 곧이어 시장이 나섰고 법률가, 부유한 귀족들이 잇따라 죽음을 자처하고 나섰다.

그러다 보니 한 명을 초과해 7명이 되었다. 이 중 누구를 제외할 것인가도 고민이었다. 그러자 역시나 가장 먼저 나섰던 피에르가 제안한다. 이튿날 아침 가장 나중에 오는 사람을 제외하기로. 다음 날 아침, 죽음을 자처한 이들이 속속 모였으나 모습을 드러내지 않은 이는 가장 먼저 나올 거라 짐작했던 피에로였다. 그리고 얼마 후, 여기저기서 술렁대는 시민들을 헤치며 관을 든 이들이 들어섰다. 관 속에 누워 있는 사람은 바로 피에르였다. 칼레의 시민을 위해 희생하기로 한 이들의 마음이 혹여나 변할까 우려한 그가 솔선수범하여 스스로 목숨을 끊은 것이다.

　이에 남은 6명은 담담한 태도로 교수대로 향했다. 허나 '죽고자 하면 살고 살고자 하면 죽을 것'라는 이순신 장군의 마음이 이곳에서도 통했던 걸까? 그 순간 당시 임신 중이던 왕비가 에드워드 3세에게 관용을 베풀 것을 간청한다. 이들을 처형하면 혹시나 태아에게 불길한 일이 생길까 싶은 염려에서였다. 이유야 어떻든 왕비의 간청으로 이들은 극적으로 목숨을 건지게 되었다.

　그리고 500여 년이 지난 1884년, 칼레 시는 이들의 용감한 희생정신을 기리기 위해 기념상을 제작하기로 했고 이 소식을 접한 로댕이 자청해서 만든 게 〈칼레의 시민들〉이다. 하지만 로댕이 선보인 작품은 사람들이 기대했던 모습이 아니었다. 어떤 이는 표정이 일그러졌고 어떤 이는 멍하거나 머리를 감싸 쥐고 고뇌하는 형상이었다. 거기에는 죽음을 코앞에 둔 두려움과 공포가 고스란히 드러나 있었다. 이 기념상은 원래 칼레 시청 앞에 설치될 예정이었다. 하지만 당당한 영웅의 모습을 기대했던 칼레 시민들의 반대에 부딪혀 오랫동안 한적한 바닷가에 놓여 있다 나중에야 칼레 시청 앞으로 돌아올 수 있었다.

로댕은 말한다. 그들을 마냥 당당한 영웅처럼만 표현했다면 죽음을 앞둔 그들의 두려움과 고뇌는 잊힐 것이라고. 사실 인간이 죽음 앞에 당당하기란 어렵다. 아무리 용감한 사람이라도 죽음 앞에 서면 두렵다. 당당히 나서기는 했지만 그들 역시 죽음 앞에선 두려움을 느낄 수밖에 없는 평범한 인간이었기에, 그럼에도 불구하고 앞으로 나선 고뇌 어린 희생의 참모습을 보여주고 싶었는지도 모른다.

이 일화는 당시 시민 대표들이 항복의 뜻을 전하기 위해 형식적으로 표했던 의례를 숭고한 희생으로 미화하기 위해 과장한 것이라는 주장도 있지만, 어쨌거나 이는 오늘날 사회 지도층이 사회에 대한 책임을 모범적으로 실천하는 도덕적 의무를 일컫는 '노블레스 오블리주'를 상징하는 전형적인 예로 꼽히고 있다.

일부일처제가 지루하다는
그녀의 사랑법

비록 모두 다 진품은 아니지만 로댕의 생전 작품들을 고스란히 엿볼 수 있는 곳이 바로 앵발리드 인근에 자리한 로댕 박물관이다. 18세기 초에 지어진 우아한 저택에 거대한 정원이 딸린 박물관은 로댕이 1908년부터 죽을 때까지 지냈던 곳이다. 자신이 죽기 꼭 1년 전인 1916년, 로댕은 사후 자신의 미술관을 개설한다는 조건으로 모든 것을 국가에 기증했고, 그의 유지대로 로댕 박물관이 1919년 문을 열었다.

실내 전시관을 거쳐 정원으로 나오면 가장 먼저 눈에 들어오는 게 그 유명한 〈생각하는 사람〉이다. 분수를 곁들인 넓은 정원 안에는 〈지옥의 문〉과 〈칼레의 시민〉도 놓여 있다. 세모꼴로 가지런히 깎아놓은 나무들에 둘러싸인 채 턱을 괴고 골똘히 생각하는 근육질의 건장한 청년 앞에는 똑같은 포즈로 기념사진을 찍는 이들도 적지 않다. 이 앞은 〈미드나잇 인 파리〉에서 주인공 일행이 박물관을 찾았을 때 "이건 내가 좀 아는데…"라며 대화 중 톡톡 끼어들기 좋아하던 남자가 역시나 로댕 박물관의 해설사를 앞에 두고 어설픈 잘난 척을 하던 곳이다. 로댕의 부인을 놓고 그 얄미운 남자와 설전을 벌이던 해설사 여인은 당시 니콜라 사르코지 대통령의 부인 카를라 부르니였다.

퍼스트레이디가 카메오로 출연한다는 게 우리로선 낯선 일이건만 그녀가 감독의 제안에 흔쾌히 응한 건 훗날 손자들에게 우디 앨런 영화에 출연했다고 자랑스럽게 얘기하고 싶어서였단다. 그런 아내를 응원하기 위해 사르코지 대통령도 퇴근 후 예고 없이 촬영장을 찾았다. 가뜩이나 구경꾼들이 몰린 데다 경호원을 대동한 대통령까지 등장한 촬영 현장은 아마 아수라장이었을 터다. 그래서였을까? 이미 모델과 가수로 활동한 경력이 있던 영부인도 긴장했던지 수십 차례나 NG를 내면서 우디 앨런의 속을 태웠단다. 대사도 없이 그저 식료품 가게에서 바게트 빵을 사 들고 나오는 장면이었음에도 자꾸만 카메라를 쳐다보는 바람에 말이다. 사르코지 대통령은 거듭되는 NG 장면을 지켜보다 말없이 자리를 떠났다는 후문이고, 결국 이 장면은 영화에서 보질 못했다.

영부인의 영화 출연보다 애초에 화제가 되었던 건 두 사람의 결혼이다. 2007년 5월, 제23대 프랑스 대통령이 된 사르코지 대통령은 취임 다섯 달 만에 두 번째 부인 세실리아와 이혼했다. 그리고 얼마 되지 않아 수영복 차림의 대통령이 이집트 휴양지 해변에서 여인과 다정하게 손잡고 걷는 사진이 특종으로 게재되면서 전 세계의 이목을 끌었다. 그 해변의 여인이 바로 당시 이탈리아 출신의 톱모델이자 가수인 카를라 부르니였다. 대통령의 비밀연애가 이렇게 세간에 불쑥 알려진 직후인 2008년 2월, 사르코지 대통령은 13살 연하인 그녀와 대통령 관저인 엘리제궁에서 비공개로 결혼식을 올렸다.

175센티미터에 이르는 늘씬한 키에, 광대뼈가 좀 튀어나오긴 했지만 특유의 매력으로 대통령을 사로잡은 그녀는 패션모델 출신답게 가장 옷을 잘 입는 퍼스트레이디로 손꼽혔던 여인이다. 그러나 영부인이 된 후 하이힐을 신은 적이 단 한 번도 없고 오로지 고무신처럼 납작한 구두만 고집했다. 키 작은 남편을 배려해서다. 어려서부터 왜소한 체구 때문에 콤플렉스를 떨치지 못했다는 사르코지 대통령의 키는 '탑 시크릿'이란 농담이 나돌 만큼 아무도 모른다.

모델로, 가수로 인기를 누리고 영부인 자리까지 올랐던 카를라의 삶은 나처럼 평범하게 사는 입장에서 때론 부럽기도 하다. 하지만 평범하지 않은 삶이기에 낱낱이 까발려지고 비난받아야 한다면 차라리 평범한 삶이 나을 성도 싶다.

특히나 영부인으로서 영화 촬영을 했던 2010년 즈음에는 그녀의 사생활을 파헤친 책이 출간돼 화제가 되기도 했다. 기자 출신의 여성작가가 은밀한 취재 끝에 펴낸 책은 제목부터가 자극적이다. 《카를라의 은밀한 생활》이란 이름을 달고 나온 책 속에는 세계적인 팝스타 믹 재거를 유혹해 가정을 파탄시켰다는 이야기를 비롯해 전설적인 뮤지션 에릭 클랩튼, 배우 뱅상 페레, 부동산 재벌 도널드 트럼프 등 각국의 유명인과 뿌린 염문이 시시콜콜 담겨 있다. 아울러 과거 애인들을 지중해 별장으로 불러들여 대통령과 함께 어울렸다고 폭로하면서 수세기에 걸쳐 전설적인 바람둥이로 일컬어진 돈 후안을 빗대 카를라를 '여자 돈 후안'이라고까지 묘사했다.

"허튼짓을 하더라도 그건 제 자유입니다. 세계적으로 유명한 유부남과 데이트할 수도 있는 거 아닌가요."

그렇게 까발려진 그녀의 사생활을 두고 비난도 많았지만 그녀는 이렇게 당당했다. 남자들의 부속품이 되고 싶지 않았고 수동적인 여자이기도 싫었던 그녀는 언제나 자신이 먼저 남자에게 적극적으로 접근했다고 밝히기도 했다. 심지어 한 인터뷰에선 "일부일처제는 지루하다"며 일처다부제를 주장하기도 했다. 그녀는 한때 아버지뻘 되는 유명 철학자인 장 폴 앙토방과 사귀던 중 그의 아들이자 유부남이었던 라파엘 앙토방과 사랑에 빠져 아들을 낳기까지 했다. 그녀로 인해 남편을 뺏긴 아내는 날벼락을 맞은 심정이었을 터다. 그녀가 자신의 사랑에 당당할

사랑한다면 파리

지는 몰라도 그 사랑이 당당하게 인정받을 수 있을까? 남의 눈에 피눈물 나게 하는 사랑은… 글쎄다. 그리 곱게 보이진 않는다.

아무도 못 말리는
프랑스 대통령의 로맨스

현직 대통령 부인의 사생활이 이렇듯 적나라하게 공개되는 것도 우리로선 상상이 안 되는 일이다. 이것이 사르코지 대통령을 곤혹스럽게 했지만 그런 면에 있어선 자신도 오십보백보니 대통령도 할 말은 없을 것 같다. 사르코지 전 대통령은 오랫동안 내연의 관계를 이어오던 지인의 부인을 아내로 삼았다. 그녀가 바로 카를라 이전의 아내였던 세실리아다. 따지고 보면 세실리아도 사르코지와 바람을 피운 거라 영부인으로서의 평판이 그리 좋지 않았지만, 그럼에도 퍼스트레이디 자리를 박차고 나올 때는 그럴 만한 이유가 있어서다. 제아무리 영부인인들 남편의 바람기를 속 좋게 받아들일 아내는 세상 어디에도 없다.

프랑스 대통령의 못 말리는 로맨스는 사르코지뿐만이 아니다. 19세기 프랑스를 발칵 뒤집어놓은 드레퓌스 사건의 재심을 거부한 제7대 대통령 펠릭스 포르는 딸 또래의 유부녀 정부를 엘리제궁 밀실로 불러들여 밀회를 즐기다 복상사한 것으로 유명하다. 1899년 2월 16일의 일이다. 또한 퐁피두 대통령의 갑작스런 서거로 인해 치러진 대선에서 당선된 20대 대통령 발레리 지스카르 데스탱은 여배우의 집에서 밤을 보낸 후 새벽에 직접 운전해 엘리제궁으로 돌아오던 중 교통사고를 냈다. 재임 당시 거센 반발을 무릅쓰고 루브르 박물관 광장에 유리 피라미드를 세운 프랑수아 미테랑 전 대통령은 무려 20여 년 동안 '두 집 살림'을 하며 혼외자식을 낳기도 했다. 그의 숨겨진 딸은 1996년 미테랑 전 대통령의 장례식에 모습을 드러내면서 알려졌다. 그 뒤를 이은 자크 시라크 전 대통령은 '샤워 포함 5분'이라는 별명이 나돌 만큼 소문난 바람둥이였다. 오죽하면 남편이 밤에 나갈 때마다 영부인이 굴욕감을 누르고 운전기사에게 "오늘 밤은 어디죠?"라고 물었을까. 그렇게나마 남편의 행방이라도 알아야 하는 아내의 심정이 오죽했으랴.

니콜라 사르코지를 누르고 2012년 엘리제궁에 입성한 프랑수아 올랑드 현 대통령도 2014년 새해 벽두부터 스캔들을 일으켰다. 대통령이 밤마다 오토바이를 타고 나가 여배우의 아파트에서 밤을 보냈다는 가십 기사가 터진 것이다. 스캔들의 주인공은 미모의 프랑스 영화배우 쥘리 가예다. 두 아이의 엄마이기도 한 가예는 2012년 대선 당시 올랑드 후보를 지지하는 광고에 출연하면서 가까워진 것으로 알려졌다.

올랑드 대통령은 법적으론 단 한 번도 결혼한 바 없는 '총각'이다. 하지만 그의 곁엔 항상 여인이 있었다. 근 30년간 한솥밥을 먹고 살았던 정치인 세골렌 루아얄과의 사이에는 자녀도 4명이나 된다. 하지만 올랑드 대통령은 루아얄과 동거 중이던 2005년 당시부터 기자였던 트리에르바일레와 내연의 관계를 맺어오다 급기야 루아얄을 밀어내고 그녀와 새로운 동거를 시작했다. 그렇게 7년간 함께 살아온 여인을 두고 이제는 여배우에게 사랑이 옮겨간 것이다. 뿌린 대로 거둔 걸까? 애초에 기

사를 터트린 연예지에 의하면 가예를 올랑드 대통령에게 소개해준 사람은 다름 아닌 그의 첫 동거녀였던 루아얄이다.

만일 우리 사회에서 대통령이 불륜을 즐기다 복상사를 했거나, 배우자를 두고 밤이슬을 맞고 다니며 숨겨둔 딸이 있다는 게 드러나면 어땠을까? 아마도 언론이나 인터넷이 떠들썩했을 게다. 허나 프랑스에서는 국민이건 언론이건 언제나 담담하다. 대통령이 불륜을 저지르든 말든 공적 업무 외의 시간은 누구나 보호받아야 할 사생활인 만큼 남의 사랑에 대해선 '묻지도 따지지도 말자'는 주의다.

물론 대통령이 은밀한 사생활로 언론의 질타를 받은 적은 있다. 1997년 여름 영국의 다이애나 왕비가 센 강변 지하도에서 교통사고로 사망한 날 밤, 시라크 대통령이 밀회를 즐기느라 한동안 연락두절 상태에 있었기 때문이다. 이때 프랑스 언론이 문제 삼았던 건 대통령의 사생활이라기보다 국가 비상시에 대통령의 행방을 알 수 없었다는 점이다.

프랑스와 달리 우리나라에서는 한 고위 공직자가 숨겨진 아이에 대한 논란 때문에 옷을 벗은 바도 있다. 한발 물러서서 그 정도는 우리도 개인의 사생활이니 도덕적인 비난 정도로 넘어갈 수는 있다. 하지만 공식적인 업무시간에 '딴짓'을 하는 정치인들은 단순히 도덕적 비난으로 넘길 사안이 아니라 명백한 직무유기인데도 스리슬쩍 넘어가는 일은 좀 심각하게 생각해볼 문제다.

언젠가는
그렇게
이별

최고 여배우의
청혼을 거절한 남자

로댕이 살았던 시대에, 로댕처럼 사랑은 하되 결혼은 하지 않으려 했던 또 다른 남자가 있었다. 그러나 그는 로댕처럼 이기적인 남자가 아니다. 전쟁터를 누비는 종군기자였기에, 언제 죽을지 모르는 자신의 운명 속에 사랑하는 여인을 끼워 넣고 싶지 않았을 뿐이다. 그 이면에는 첫사랑에 대한 지고지순한 순정도 스며 있다. 스페인 내전에서 탱크에 깔려 죽은 첫사랑을 잊지 못해 당대 최고 여배우의 청혼마저 뿌리친, 진정한 로맨티스트다. 여배우는 〈누구를 위하여 종은 울리나〉 〈카사블랑카〉의 여주인공 잉글리드 버그만이다. 늘씬한 몸매와 우아한 미모로 전 세계 남성들의 가슴에 불을 댕긴 그녀가 그에게 청혼한 것도 놀라웠지만 그가 그녀의 청혼을 거절한 것은 더더욱 놀라운 일이었다.

당대 최고의 여배우를 거절한 남자의 이름은 로버트 카파다. 이 시대 최고의 종군사진기자로 남은 전설 속의 인물이다. 그가 태어난 해는 1913년. 카미유 클로델에겐 사실상 삶의 마지막 해였던 바로 그해에 카파가 태어난다.

헝가리 태생인 그의 본명은 앙드레 프리드만이다. 유태인이었던 그는 좌익운동에 연루되어 체포되기 직전 베를린으로 피신해 한 사진 에이전시의 조수로 일하게 된다. 그런 그가 조수가 아닌 사진가로 인정받게 된 계기는 이듬해 덴마크 코펜하겐에서의 트로츠키 연설이었다. 모든 사진기자들이 그의 모습을 찍기 위해 애를 썼다. 그러나 당시 스탈린과의 파워게임에서 밀려 추방당한 러시아 혁명가 트로츠키는 암살자들에게 쫓기는 형편이었다. 때문에 보안이 철저했고 기자들은 누구도 강연장에 발을 들일 수 없었다. 하지만 카파는 파이프를 옮기는 일꾼들 틈에 끼어 강연장으로 숨어들었고, 주머니 속에 숨겨둔 작은 카메라에 그의 모습을 담아냈다. 콧수염까지 생생한 카파의 트로츠키 사진은 독일 잡지 〈데어 벨트 슈피겔〉의 전면을 장식하며 그의 이름을 세상에 알렸다. 1932년 11월, 카파의 나이 열아홉 때였다. 그러나 사진 속의 트로츠키는 1940년 여름 멕시코에서 결국 암살당했다.

그리고 몇 달 후 히틀러의 나치정권이 들어서자 유태인이었던 카파는 파리로 둥지를 옮긴다. 당시 파리는 파시즘을 피해 망명한 예술가와 지식인들의 피난처였다. 바로 이때 그는 죽음의 마지막 순간까지 가슴에 품었던 첫사랑 게르다 타로를 만난다. 둘의 만남은 운명적이었다. 카파보다 세 살 연상인 그녀 또한 파시즘에 대항하다 나치의 탄압을 피해 온 유태계 독일인이었다.

서로에게 첫눈에 반해 사랑에 빠진 그들은 에펠탑 인근 아파트에서 동거를 시작한다. 두 사람은 유태인 냄새가 풀풀 나는 이름을 바꿔 새

로운 삶을 꾸려나갔다. 로버트 카파란 이름도 이때 생긴 것이고 타로의 본명은 게르다 포호라일이다. 피난민 처지의 두 사람은 가난했지만 열정적으로 사랑했고 행복했다. 카파는 타로에게 사진을 가르쳤고, 사진에 재능을 보인 그녀와 함께 전쟁터를 누비며 전쟁의 참상을 기록했다. 생사를 넘나드는 현장에서 그림자처럼 붙어 다니던 그들의 나날은 더욱 애틋할 수밖에 없었다. 카파는 타로와 함께하는 삶을 두고 "내 인생에 이렇게 행복했던 적이 없다. 타로와 나 사이를 가를 수 있는 것은 없다"고도 했다.

그러나 마냥 행복해 보이던 이들을 갈라놓은 건 1936년에 시작된 스페인 내전이었다. 스페인 내전은 시민들이 선택한 인민전선 공화국 정부를 상대로 반란을 일으킨 군부 세력 간의 전쟁이다. 20세기 초만 해도 스페인은 귀족과 대지주, 교회, 군부가 좌지우지하는 나라였다. 이에 억눌렸던 시민들이 1936년 2월 총선거에서 양심적인 중산층과 노동자, 농민을 대변하는 인민전선에 힘을 실어줌으로써 공화국 정부가 출범하게 된다. 그러나 몇 개월 지나지 않아 프랑코 장군이 자신이 거느리던 병력을 이용해 쿠데타를 일으켰고, 여기에 히틀러와 무솔리니가 가세하면서 수많은 시민들이 무참히 학살당했다.

이에 전 세계 지성인들이 개인 자격으로 인민전선 측에 참여하면서 스페인 내전은 내전을 넘어 세계 양심 세력과 파시즘 세력과의 싸움으로 번진다. 헤밍웨이 또한 이때 종군기자로 합류해 스페인에서 자행되는 만행을 취재했고, 그 경험을 토대로 쓴 소설이 바로《누구를 위하여 종은 울리나》다. 피카소도 게르니카에서 자행된 학살을 고발하기 위해 〈게르니카〉를 그렸다. 스페인 북부의 작은 도시 게르니카는 프랑코를 지원한 나치의 무차별 폭격으로 폐허가 됐고 1,500여 명의 민간인이 희생됐다. 〈게르니카〉는 〈아비뇽의 처녀들〉과 더불어 피카소의 2대 걸작으로 꼽히는 명작이다.

불행스럽게도 스페인 내전은 1939년 프랑코군의 승리로 끝났고 이후 그가 죽는 1975년 말까지 스페인은 프랑코 독재하에 신음해야 했다. 또한 스페인 내전은 이를 통해 입지를 굳힌 히틀러와 무솔리니 파시스트 정권이 세계 지배의 야욕을 노골적으로 드러내면서 제2차 세계대전을 일으키는 빌미가 되기도 했다.

카파와 타로 또한 스페인 내전이 일어나자마자 인민전선의 입장에서 종군기자로 발을 들인다. 둘은 한 팀이 되어 종이 한 장 차이로 생사를 넘나드는 긴박한 현장을 기록했다. 그리고 당시 찍은 사진 한 컷은 스물세 살의 카파를 일약 스타덤에 올려놨다. 격전지였던 코르도바 전선에서 한 병사가 어디선가 날아온 총알에 머리를 맞고 쓰러지는 순간을 코앞에서 찍은 사진이다. 피격의 충격으로 병사의 얼굴은 일그러졌고 손에 들었던 총을 놓치는 것과 동시에 무릎이 꺾인 채 바닥에 쓰러지기 직전의 모습을 담은 이 한 장의 사진은 '어느 공화국 병사의 죽음'으로 발표되었다. 누군가의 아들이요 누군가의 연인이었을 한 젊은이가 이렇게 허무하게 세상과 이별하는 순간을 포착한 이 한 장의 사진은 사람들을 충격에 빠뜨리기에 충분했고 오늘날까지도 전쟁과 죽음의 대표적인 기록으로 남게 되었다.

스페인 내전은 이렇게 카파를 일약 스타 사진작가로 만들어주었지만, 그토록 사랑했던 연인을 잃게도 했다. 그들이 함께 전쟁터를 누빈 지 1년이 지난 1937년 여름, 타로는 마드리드 부근의 전투에 뛰어들었다. 전투는 점점 더 치열해졌고 인민전선의 군대는 점점 불리해졌다. 빗발치는 폭격 속에 공화국 병사들이 후퇴하기 시작했고 그 혼돈 속에서 사진을 찍던 타로는 그녀를 미처 발견하지 못한 아군의 탱크에 깔려 비참한 죽음을 맞이했다. 한창 아름다운 스물여섯의 나이에….

그때 카파는 전쟁터에서 찍은 필름을 넘기기 위해 파리에 와 있었다. 다음 날 아침 카파는 신문을 통해 그녀의 죽음을 접하게 된다. 너무나 갑자기, 자신이 없는 곳에서 홀로 떠나간 그녀의 죽음이 카파에겐 평생의 고통이었다. 인생에 있어 최고의 행복을 안겨준 그녀를 지켜주지 못했다는 죄책감도 있었을 터다. 그녀를 가슴에 묻은 그의 나머지 삶에

결혼이라는 두 글자는 이미 지워지고 말았다.

타로의 죽음 이후 카파는 고통을 잊기 위해 일에 몰두했다. 여전히 지속되고 있는 스페인 내전을 비롯해 중일전쟁에 뛰어들어 일본의 만행을 알렸고 제2차 세계대전, 중동전쟁, 인도차이나 전쟁터에서 삶과 죽음의 현장을 누비며 수많은 사진을 찍었다.

그런 와중에 그를 스타로 만든 사진 '어느 공화국 병사의 죽음'은 카파 생전은 물론 지금까지도 이런저런 논란으로 그를 괴롭혔다. 어떤 이는 사진의 주인공이 실제로 죽지 않았고 촬영된 지역에 전투가 없었다며 조작설을 내세웠고, 어떤 이는 사진 속 주인공이 카파의 부탁으로 전투 장면을 연출하다 총에 맞았다고도 했다. 논란의 중심에는 타로의 사진이란 얘기도 나돌았다. 이는 두 사람이 함께하며 찍은 사진 대부분이 카파의 이름으로 발표되었다는 것에 근거를 두고 있다. 지금까지도 그 논란은 종지부를 찍지 못했고 진실은 아무도 모른다. 논란이 사실일 수도 있지만 어쩌면 카파를 시기한 사람들의 괜한 시비일 수도 있다.

카파가 자신의 출세작이자 끊임없는 논란거리가 되어 부담을 안겨준 사진 한 장의 굴레에서 벗어날 수 있었던 건 1944년 6월 6일 연합군의 노르망디 상륙작전에서였다. 제2차 세계대전의 향방을 가른 이 상륙작전은 그 어느 전투보다 치열했다. 상륙함에서 내리자마자 독일군이 쏟아붓는 포탄과 빗발치는 총알 속을 헤치며 나아가다 해안에 닿기도 전에 죽어간 병사는 만 명이 넘었다.

"우리는 배에서 내려 달리기 시작했다. 총알은 나를 둘러싸며 물에 박혔다. 병사들은 총알을 피해 처절하게 도망치고 있었고⋯ 또 다른 박격포 파편에 병사들이 죽었다… 나는 미친 듯이 셔터를 눌러댔다. 그게 공포를 잊는 유일한 방법이었다."

바로 옆에서 죽어가는 병사들의 모습이 곧 자신의 모습이 될 수도 있는 공포 속에서 본능적으로 눌러댄 그의 사진은 〈라이프〉지에 고스란히 옮겨졌다. '그때 카파의 손은 떨리고 있었다'라는 문구와 함께 게재된 '1944년 6월 6일 노르망디 상륙작전, 오마하 해변에 상륙 중인 병사의 얼굴'은 초점이 흔들려 흐릿했지만 오히려 당시 절박했던 상황을 말해주면서 제2차 세계대전 최고의 걸작이 되었다. 그리고 이 사진으로 카파는 종군기자로서 세계적인 명성을 얻게 된다.

영화 〈라이언 일병 구하기〉의 시작과 함께 전개되는 치열한 전투 장면은 바로 이 사진을 모티프로 만들어졌다. 포탄과 총알이 빗발치는 해변에서 사진처럼 떨리는 카메라에 피가 튀고 살점이 들러붙는 그 처절한 전투 장면에 속이 뒤집히면서 질끈 눈을 감았던 기억이 난다. 그것은 나와는 무관한 영화 속 현장일 뿐이었지만 카파에겐 실제로 몸담았던 공포 그대로의 현장이다. 그 속에서 살아남아 건져온 노르망디 상륙작전은 카파가 아니면 찍을 수 없었던, 그야말로 '카파표' 사진이다.

로버트 카파가 잉글리드 버그만을 만난 건 노르망디 상륙작전 이듬해로 제2차 세계대전이 막 끝난 무렵이었다. 그즈음 카파는 파리에 머무르고 있었다. 전쟁터를 벗어난 그는 술과 도박에 빠져 살았다. 짙은 눈썹에 영화배우 뺨치는 미남이었던 그는 여자들에게도 인기가 많아 숱한 염문을 뿌리기도 했다. 그는 '술 금지, 도박 금지, 담배 금지, 여자

금지'를 좌우명으로 내세웠지만 오히려 지나치게 많이 어겼다. 어쩌면 너무나 많은 것을 보고 만 전쟁의 참상에서 벗어나기 위한 몸부림이었는지도 모른다.

그러던 그가 극작가 겸 소설가이자 동갑내기 친구인 어윈 쇼와 함께 파리의 한 호텔 바에 앉아 있을 때 파파라치들에 둘러싸여 호텔로 들어오는 잉글리드 버그만을 본다. 아카데미상을 세 번이나 받았고 스페인 내전을 무대로 한 헤밍웨이의 소설을 영화화한 〈누구를 위하여 종은 울리나〉의 여주인공이기도 했던 그녀는 연합군 병사들이 가장 좋아하는 배우였기에 위문공연차 파리에 온 것이었다. 영화 제작 당시 헤밍웨이도 버그만을 여주인공으로 지목했다고 한다.

"저어~ 키스할 땐 코를 어디다 두어야 하나요?"

키스하는 법을 몰랐던 여주인공 마리아가 사랑하는 남자와의 첫 키스에서 이렇게 물으며 지었던 표정은 너무나 사랑스러웠고 그것을 본 많은 젊은이들이 달콤한 사랑을 꿈꾸며 이를 흉내 냈다. 그 주인공인 그녀가 바로 카파의 코앞에 나타난 것이다. 그날, 카파는 그녀의 방으로 쪽지를 보낸다. 카파가 버그만에게 걸었던 '작업' 방식은 유치한 듯 보이면서도 낭만적이다.

"우리는 오늘 저녁 당신을 초대하는 이 초대장과 함께 꽃을 보내려고 했어요. 그러나 의논해본 결과 꽃값과 저녁식사 비용 모두를 지불할 여력이 안 된다는 결론을 내렸지요. 우리는 투표를 했고 근소한 차이로 저녁식사가 선정됐어요. 그러니…".

유명 여배우에게 보낸 장난기 어린 두 남자의 이런 제안은 대개 그들

만의 해프닝으로 그치런만, 믿기지 않게도 그녀는 이들의 초대를 받아들였다. 훗날 '로버트 카파 다큐멘터리'에서 그녀의 딸이 전한 말에 의하면 버그만은 "호텔 방에 틀어박혀 있느니 밖에 나가 식사를 하는 편이 나을 것 같아 초대를 받아들였다"고 했다.

　로맨틱한 파리의 밤은 카파와 버그만으로 하여금 이내 사랑에 빠지게 했다. 할리우드 스타와 스타 종군기자의 로맨틱한 사랑은 세간의 이목을 끌기에 충분했다. 그들의 불같은 사랑은 버그만이 다시 할리우드

　　　　　　　　　　　　　　　　　　　　　　　　　　사랑한다면 파리

로 돌아가야 할 때 끝나는 듯했지만 버그만의 간곡한 요청에 카파 역시 할리우드로 건너가면서 좀 더 이어졌다. 카파는 그곳에서 버그만이 출연하는 영화의 스틸 사진을 찍었다. 하지만 생사를 예측할 수 없는 전선을 누비던 카파에게 짜여진 각본의 할리우드 사진은 재미도 없고 의미도 없었다. 그는 "할리우드는 내가 발을 들여놓은 곳 중 가장 최악이었다"는 말도 했다. 버그만이 카파에게 청혼을 한 건 그 즈음이었다. 하지만 카파는 그 청혼을 받아들이지 않았다.

"전쟁터로 나갈 때 만약 내게 부인과 아이들이 있다면 나는 떠날 수 없을 것이오."

사실상의 거절이다. 그의 마음속엔 이미 전쟁터에서 죽은 타로가 들어앉아 있었다. 또한 자신과 결혼하기 위해 이혼하려는 그녀를 말렸던 건 여배우로서 정점에 있는 그녀를 끌어내리고 싶지 않아서이기도 했다. 그런 카파에게 버그만은 "할리우드 밖에도 세상이 있다는 것을 알려주어 고맙다"는 인사로 그와 나눈 사랑의 의미를 전했다. 뜨겁게 사랑했던 두 사람은 그렇게 담담하게 헤어졌다.

한 발짝 더… 다가서라

카파는 다시 종군기자로 돌아왔다.

"다시 전쟁터에 가야 한다면 총으로 자살해버릴 거야. 난 너무 많은 걸 봤어"라고 중얼거리기도 했지만 그가 선택한 건 늘 전쟁터였다. 생사를 기약할 수 없는 전쟁터는 공포 그 자체였지만 그 중심에 있던 카파는 다행히 운이 좋았다. 그러나 거기까지였다.

〈라이프〉지의 요청에 따라 그는 막바지에 이른 인도차이나 전쟁을 카메라에 담기 위해 베트남으로 향했다. 이 전쟁은 프랑스의 지배에서 벗어나려는 베트남의 독립전쟁이기도 했다. 그것이 그의 마지막 촬영지가 될 줄은 아무도 몰랐다.

두 명의 〈라이프〉지 기자와 함께 호송차에서 내린 카파는 일단 베트남 남딘 마을의 풀숲을 헤치고 걸어가는 프랑스 군인들을 찍었다. 그리고 한 걸음 더 가까이 다가가 그들의 모습을 담으려는 순간 정적을 깨는 폭음이 터지면서 아수라장이 되었다. *그가 지뢰를 밟은 것이다.* 그의 몸은 찢겨진 채 바닥에 내동댕이쳐졌다. 그것이 카파를 집어삼킨 폭발이라는 걸 몰랐던 먼발치의 동료들은 "저거야말로 카파가 원했던 장면 아니야? 카파는 어딨어?"라며 카파를 찾았다고 한다. 그러나 카파가 원했던 게 진정 누군가의 비참한 죽음이었을까? 그가 마지막으로 누른 셔터 속에 찍힌 건 생전의 그에게 너무나 익숙했던 '군인들의 뒷모습' 이었다.

1954년 5월 25일 오후 3시경. 여름으로 치닫는 뜨거운 햇살 아래 카파는 타로가 그랬던 것처럼 카메라 끈을 놓지 않은 채 언제나 간직하던 환한 웃음의 타로 사진을 품고 첫사랑 그녀에게로 갔다. 그의 나이 고작 마흔한 살이었다. 비보를 접한 버그만은 "카파는 사랑하거나 미워할 수는 있어도 결코 무관심할 수 없는 남자였다"며 그를 애도했다.

카파와 타로의 애잔한 사랑, 그리고 카파와 버그만의 불같은 사랑….

이를 소재로 한 영화가 제작된다는 소식에 조만간 이 매력적인 남자를 만날 수 있을 것이란 기대를 품기도 했지만 영화 제작이 도중에 불발로 그쳤다는 이후 소식에 아쉬움이 남는다.

카파는 유독 파리를 사랑했다. 그에게 파리는 전쟁터에서 벗어나 자유로움을 만끽하게 해주는 유일한 안식처였다.

"날 때부터 파리지앵인 사람들이 있는데 카파가 그렇다. 그에게는 파리가 어울린다. 그는 잘 놀고, 잘생겼으며, 나른한 분위기를 풍기고, 또 멋있다… 카파는 16세기 프랑스 외곽의 대저택에서 태어났을 것 같은 인상을 준다."

카파가 버그만을 처음 만났던 그 밤, 함께 어울렸던 어윈 쇼가 어느 잡지 인터뷰에서 한 말이다.

그는 떠났지만 그의 사진은 영원히 남아 있다. 그에게는 치열한 전쟁 사진만 있는 것도 아니다. 전쟁이 끝나면 틈틈이 파리로 돌아와 지인들과 어울리며 그들의 일상을 카메라에 담았다. 어니스트 헤밍웨이, 파블로 피카소, 존 스타인벡, 어윈 쇼 등 그의 손가락에 찍혀 나온 그들의 모습엔 따뜻함과 재치가 담겨 있다.

그 가운데 눈길을 끌었던 건 피카소와 무려 마흔 살 차이가 나는 연인 프랑소와즈 질로의 사진이었다. 환갑을 훌쩍 넘긴 노인이 한여름 해변 땡볕에서 양산도 아닌 대형 비치파라솔을 받쳐 들고 쌩쌩한 젊은 여인을 졸졸 따르는 모습이다. 카파는 천하의 바람둥이 피카소를 이렇듯 여왕을 모시는 하인처럼 만든 굴욕 사진으로 우리를 웃게도 했다.

"If your pictures aren't good enough, you're not close enough." 당신의 사진이 만족스럽지 않다면, 충분히 다가서지 않아서다.

카파의 얘기를 좀 길게 한 건 그의 생전 신념이 내 가슴에 파고들었기 때문이다.

누구든 태어난 날은 알지만 죽는 날은 아무도 모른다. 10년 후가 될 수도 50년 후가 될 수도 있지만, 내일 혹은 오늘이 될 수도 있다. 그 한마디가 내겐 살아 있을 때 사랑하는 모든 이들에게 '한 발짝 더… 다가서라'는 카파의 유언처럼 들렸다.

지칠 줄 모르는 피카소의
그 놀라운 사랑

로버트 카파의 재미난 사진 한 장으로 말이 나온 김에 피카소의 사랑을 들춰봤다. 앙리 4세만큼은 아니지만 피카소의 사랑도 정말이지 만만치 않다. 하긴 피카소만큼 여성 편력으로 세간의 이목을 끈 예술가도 드물다. 이게 남자들에게는 부러움을 사기도 했지만 여자들에게는 비난의 대상이 되기도 했다. 수많은 여인들이 스쳐 지나간 그에겐 일곱 명의 '공인된' 여인들이 있었다. 환갑 노인네가 딸뻘도 아니고 손녀 같은 여인을 위해 비치파라솔을 서슴없이 들었던, 프랑소와즈 질로는 그 중 여섯 번째 여인이다.

피카소는 전생에 대체 뭘 구한 걸까? 사실 피카소만큼 복 받은 상팔자도 그리 흔치는 않다. 어려서부터 천재적인 솜씨를 보여 화가인 아버지조차 '너 혼자 다 해먹어라' 하는 심정으로 그림을 끊었다는 얘기가 있다. 그런 일화가 예고하듯 20세기 최대 거장으로 우뚝 선 그는 있는 대접 없는 대접 다 받고 살았다. 가난에 찌들어 고생하다 젊은 나이에 불행하게 간 그 시대의 화가들이 부지기수건만, 살아생전 부와 명예를 누리다 아흔둘에 눈을 감았으니 세상에 남겨둘 미련도 없을 터다. 게다가 나이 들수록 젊은 여인들과 사랑을 나눈다는 게 쉬운 일은 아니건만 오히려 더더욱 젊은 여인들과 보란 듯이 사랑을 한 그는 정말 능력자다.

파블로 피카소1881-1973는 스페인 남부 말라가에서 태어났지만 그가

20세기 거장으로 태어난 것은 프랑스에서다. 눈을 감기 직전까지 붓을 놓지 않은 그는 5만 점이 넘는 어마어마한 작품을 남길 만큼 예술 열정이 대단했지만 사랑에도 그 못지않은 열정을 쏟아부었다. '사랑은 우리 삶에 있어 최고의 청량제'라 주장하며 끊임없이 사랑을 갈아탈 때마다 그의 작품 세계도 카멜레온처럼 변해갔다.

이른바 '피카소의 청색시대'라 일컬어지는 그의 암울한 화풍을 걷어낸 것도 첫사랑 페르낭드 올리비에를 만나면서부터다. 파리 만국박람회가 열리던 해인 1900년, 열아홉 피카소는 청운의 꿈을 안고 단짝 친구 카사헤마스와 함께 파리로 건너왔다. 그러나 이듬해 2월, 실연의 아픔을 이기지 못한 친구가 불현듯 권총 자살로 생을 마감한다. 낯선 환경에서 서로 의지하며 살던 친구의 죽음이 그에겐 너무나 큰 충격이었고, 그 충격은 고스란히 그림에 반영되었다. 피카소의 그림은 하나같이 우울했고 그 안엔 하늘빛인 청색만이 고집스럽게 스며 있다. 그러나 그 하늘빛은 맑은 하늘이 아닌, 죽음을 결심한 친구가 무심코 올려다보았을 추운 겨울의 칙칙하고 쓸쓸한 절망의 색이다.

그렇게 우울한 삶을 이어오던 피카소가 페르낭드를 만난 건 가난한 예술가들의 아지트인 몽마르트르로 새롭게 둥지를 튼 직후인 1904년이다. 피카소와 동갑내기였던 그녀는 연인을 넘어 가난한 화가를 위한 모델이자 프랑스어 선생님이 되어 피카소와 동거에 들어간다. 하루하루 끼니를 걱정해야 할 만큼 궁핍한 생활이었지만 핑크빛 사랑에 빠진 두 사람은 행복했다. 늘 암울했던 피카소 앞에 나타난 밝고 쾌활한 여인으로 인해 그의 색채도 점차 화사해지면서 이른바 '장밋빛 시대' 화풍에 돌입한다.

1907년 피카소는 동료들을 자신의 아틀리에로 불러 거대한 화폭 안에 다섯 명의 여인들이 들어선 새로운 그림을 선보였다. 그림을 접한 동료들은 하나같이 "이게 무슨 그림이냐"며 타박을 놓았다. 그러자 심드렁해진 그는 그림을 화실 한구석에 처박아놓고 만다. 그 그림은 다름 아닌 〈아비뇽의 처녀들〉이다. 등짝 위에 있는 각진 얼굴에 쪽 찢어진 눈, 엉뚱한 곳에 붙은 코…. 당시 아프리카 가면에 심취해 있던 피카소가 영감을 얻어 그린 그림 속 얼굴은 마치 가면을 뒤집어쓴 것처럼 보이기도 한다. 대상을 있는 그대로 그려 넣은 사진 같은 그림을 훌륭한 작품이라 여기던 세상에 이렇듯 요상하고 비정상적인, 듣도 보도 못한 그림을 대한 동료들의 반응이 당시로선 그럴 만도 했을 터다. 이처럼 피카소를 대표하는 큐비즘입체적 추상화의 물꼬를 튼 〈아비뇽의 처녀들〉에 모델이 되어준 이도 바로 페르낭드다.

피카소의 두 번째 연인은 그보다 네 살 어린, 청순가련형의 에바 구엘이다. 페르낭드와 9년에 걸친 동거 생활에 식상해질 즈음 만난 여인이다. 페르낭드가 피카소를 위해 그토록 헌신했건만 신선한 '뉴 페이스'를 맞이한 피카소는 그녀를 헌신짝처럼 내버리고 만다. 더구나 에바는 페르낭드의 친구이자 피카소의 친구인 화가 루이스 마르쿠시의 약혼녀였으니 두 사람 모두 피카소와 에바에게 뒤통수를 맞은 셈이다. 그야말로 김건모의 '잘못된 만남'이다. 하지만 결핵을 앓던 에바는 피카소와 만난 지 4년 만인 1915년, 서른 살 창창한 나이에 세상을 뜬다. 친구의 눈에서 피눈물 흐르게 한 대가를 치른 걸까? 그런 건 아니겠지만

행여 그렇다면 대가는 왜 이 여인만 치러야 하는 걸까? 역시나 피카소는 기막히게 좋은 사주팔자를 타고난 모양이다.

에바가 죽고 2년 후에 만난 세 번째 여인은 발레리나였던 올가 코클로바다. 당시 순회공연 중이던 러시아 발레단의 무대 디자인을 맡았던 피카소는 수십 명의 무용수 가운데 유독 눈에 들어왔던 그녀를 놓치지 않았다. 열 살 연하의 올가 또한 피카소에게 이끌려 동거에 이르렀고 이듬해인 1918년, 서른여섯의 피카소와 정식으로 결혼해 그에게 첫 아들을 안겨주었다.

피카소가 가난한 화가의 굴레에서 벗어나기 시작한 건 첫 번째 공식 부인인 올가 덕이다. 제정 러시아의 명문 군인 집안의 딸이었던 올가는 그야말로 '노는 물'이 달랐다. 상류층에서 태어난 그녀는 줄곧 러시아 귀족들과 어울려온 여인이다. 그들의 부정부패로 곪아터진 사회는 이내 1917년 러시아 혁명을 불러왔고, 혁명이 터지자 돈 많은 러시아 귀족들이 파리로 몰려왔다. 사교에 능한 그녀는 파티를 벌여 그들에게 남편의 그림을 선보였다. 이즈음 피카소는 큐비즘이 아닌 그들의 입맛에 맞는 사실주의 묘사에 충실한 화풍으로 돌아서 비난을 받기도 했다. 하지만 구매자의 입맛을 쏙쏙 맞춰준 그의 그림은 부르는 게 값일 만큼 인기를 끌었고 피카소는 곧 부자 대열에 합류하게 된다.

이제 남부러울 것 없는 부자 화가가 되었지만 두 사람의 관계는 소리 없이 삐걱대기 시작했다. 사실 상류층 생활에 익숙한 올가와 털털하고 서민적인 피카소는 태생적으로 맞질 않았다. 호화로운 삶을 원했던 올가는 남편이 가난했던 시절의 옛 친구들과 가깝게 지내는 것을 늘 못마땅해했다. 그러다 보니 피카소는 아내의 간섭에 짜증이 나기 시작했고, 그녀에게서 점점 멀어져갔다.

그즈음 만난 여인이 마리 테레즈 발터다. 1927년 파리의 한 백화점 앞에서 우연히 마주친 마리에게 첫눈에 반한 피카소는 다짜고짜 이런 말을 건넸다. "나는 화가 피카소요. 그대의 초상화를 그리고 싶소." 피카소가 '작업'에 들어간 금발의 아리따운 이 아가씨의 나이는 고작 열일곱. 28살이나 차이 나는 딸뻘의 미성년자를 6개월간 끈질기게 따라다니다 18세 성인이 되던 날부터 동거에 들어간다. 아내가 버젓이 있으니 그들의 동거는 곧 불륜이었다. 수년간 비밀에 부쳐졌던 이들의 관계는 1932년 그녀를 모델로 한 피카소의 명작 〈꿈〉이 공개되면서 세상에 알려졌다.

미모가 뛰어났던 그녀는 피카소의 작품에 새로운 영감을 안겨주었다. 피카소는 그녀를 향한 사랑의 열정을 화려한 색채와 부드럽고 생동감 넘치는 선을 통해 신비롭고 초월적인 여신의 이미지로 표현했다. 불화만 거듭되던 아내에게 벗어나 천진난만한 어린 여신 품에서 안락한 휴식을 찾고 싶었던 피카소의 욕망이 반영된 결과다. 피카소의 초현실주의는 이렇게 시작됐다.

이미 다른 여자에게 흠뻑 빠진 남자 앞에서 빈껍데기가 된 올가는 비참한 심정으로 피카소 곁을 떠났다. 그녀가 떠난 거지만 따지고 보면 버림받은 것이다. 어쩔 수 없이 떠나야 하는 마당에 그녀는 이혼을 요구했지만 이혼으로 인한 재산 분할을 원치 않았던 피카소는 그녀의 요구를 받아들이지 않았다. 그로 인해 그녀는 피카소와 평생 별거 부부로 지내다 1955년 암으로 세상을 떠났다. 올가가 피카소를 떠나던 해인 1935년 마리는 피카소의 딸을 낳았다. 피카소는 마리를 끔찍하게 사랑했지만 8년의 동거 끝에 결국 그 사랑도 시들해진다.

그즈음 쉰다섯의 피카소가 만난 다섯 번째 여인은 26살 연하의 사진작가 도라 마르다. 피카소 전성기 때의 작품 〈우는 여인〉의 모델이다. 스페인 내전이 발발했던 1936년, 파리의 한 카페에서 '절친' 시인 폴 엘뤼아르의 소개로 만난 검은 눈동자의 그녀는 세련되고 당당한 여인이었다. 스페인어에 능통하고 미술에도 조예가 깊었던 그녀는 청순하지만 맹한 마리에게서 느끼지 못했을 지적 매력으로 피카소의 마음을 사로잡았다. 피카소의 여인들 중 도라가 상대적으로 도드라진 건 전쟁의 참상을 고발한 피카소의 대작 〈게르니카〉의 작업 과정을 사진으로

꼼꼼하게 기록했다는 점 때문이다. 피카소의 사진이 동시대의 다른 예술가들에 비해 많이 남아 있는 것도 도라 덕분이다.

그런데 그 당차고 자신감 넘치던 여자가 왜 질질 우는 여인이 되었을까? 아내와는 별거 중, 마리와는 동거 중이던 피카소를 만난 탓이다. 이 와중에 딸을 데리고 와 '내 남자'라 우겨대는 마리와 몸싸움을 벌였다는 이야기도 있다. 바람둥이를 사랑하는 여인은 아무래도 고달프다. 자신에게 갈아탄 사랑이 언제 어디로 날아갈지 모르는 바람 같으니 불안하고 우울할 수밖에 없다. 피카소는 "내게 도라는 항상 우는 여자야. 그래서 나는 그녀를 '우는 여인'으로 그린 거지"라고 했단다. 이런 뻔뻔함, 이런 능청이 또 있으랴. 자신이 울려놓고 늘 우는 여자라고 하다니….

피카소의 〈우는 여인〉에 나타난 그녀의 표정을 보면 피카소와 사는 동안 그녀가 얼마나 마음고생이 심했는지 알 것 같다. 피카소의 바람기에 지친 그녀는 정신과 치료를 받아야 할 만큼 우울증이 심해졌고, 그렇게 우울해져만 가는 여인에게 피곤함을 느낀 피카소가 슬그머니 또다른 여인에게 눈을 돌리면서 9년에 걸친 동거 생활도 끝이 났다.

피카소가 프랑소와즈 질로를 만난 건 1943년, 어느 레스토랑에서다. 도라와의 동거 생활이 지속되던 때로 당시 피카소는 도라와 함께 있었다. 그럼에도 피카소의 촉은 프랑소와즈에게 쏠렸고 화가를 꿈꾸던 그녀를 화실로 초대하면서 결국 연인 사이가 된다. 도라의 우울증이 더더욱 악화된 건 바로 이즈음이다. 법학도 출신인 프랑소와즈는 피카소의 연인 중 가장 당돌한 여인이었다. 자기 또래 남자애들과는 말이 안 통한다며 할아버지뻘인 남자와 동거에 들어갔을 때 부모의 반대? 당연하다. 하지만 그녀는 그 반대를 무릅쓰고 노친네와 살면서 아들과 딸까지 덜커덕 낳아버렸다.

그렇게 10년을 살았던 프랑소와즈는 피카소에게 유일하게 대접받은 여인이자 유일하게 피카소를 차버린 여인이다. 귀하디귀한 내 여인이 행여 햇볕에 그을릴까 거대한 파라솔을 받쳐 든 피카소의 모습을 담은 로버트 카파의 사진 한 장만으로도 그녀가 피카소에게 어떤 대접을 받았는지 알 것 같다. 하지만 그녀도 피카소의 바람기에 넌덜머리를 내긴 마찬가지였다. 그럼에도 피카소와의 사랑을 놓지 않으려 했던 다른 여인들과는 달랐다. 더구나 다른 이도 아닌 자신의 친구와 바람을 피우기까지 하는 피카소를 눈뜨고 볼 수 없었던 그녀는 피카소에게 결별을 선언한다. 이에 '그럼 나 죽어버릴 거야'라며 협박조로 붙잡는 피카소에게 '그래요? 그럼 그러시던가…'라는 식으로 시원하게 한 방 날리고 미련 없이 떠나버렸다.

젊음의 당당함일까? 아니면 미모의 자신감일까! 많은 여인들을 울린 이 노인네에게 눈물을 질질 뽑아내고 떠난 그녀는 소아마비 백신을 발명한 솔크 박사와 재혼했다. 아울러 법학도답게 피카소와의 사이에서 낳은 아들과 딸을 피카소 호적에 올려 훗날 어마어마한 유산을 받을 수 있도록 조치하는 것도 잊지 않았다. 티파니의 보석 디자이너로 이름을 떨친 팔로마 피카소가 바로 그녀의 딸이다.

1953년, 프랑소와즈가 아이들을 데리고 떠나자 난생처음 실연을 당한 피카소는 외로움을 달래기 위해 새로운 작업인 도자기에 심취한다.

그리고 그 이듬해, 프랑스 남부의 한 도자기 제작소에서 재클린 로크를 만나게 된다. 피카소의 마지막 여인이자 두 번째 공식 아내인 재클린은 나이 차이가 45살이 난다. 프랑소와즈보다 더 심하다. 오랜 동거 끝에 그들은 피카소가 여든 되던 해인 1961년, 비밀 결혼식을 올렸다. 30대 젊은 여인이 어떻게 여든 노인네와 결혼할 생각을 했느냐는 말에 그녀는 이렇게 대답했다.

"나는 이 세상에서 가장 아름다운 청년과 결혼했어요. 오히려 늙은 사람은 나였지요."

이렇게 요상한 말을 남겼을 만큼 그녀는 피카소를 신처럼 떠받들며 살았다. 그에 대한 보답이었던 걸까? 피카소가 말년을 함께한 재클린을 위해 그린 초상화는 무려 400여 점에 달한다. 그녀의 초상화가 엄청나게 많은 건 유난히 돈에 집착했던 그녀의 성화에 못 이겨 숙제하듯 그려냈기 때문이란 얘기도 있다. 1973년 4월 8일 피카소가 심장마비로 사망했을 때, 그녀는 피카소의 전 여인들의 가족 누구도 장례식장에 발을 들이지 못하게 했다. 그랬던 그녀는 피카소가 죽은 지 13년 뒤인 1986년, 권총 자살로 생을 마감했다.

세상의 모든 사랑에는 그들만의 사연이 있을 것이다. 남의 사랑을 두고 이러쿵저러쿵 참견하긴 뭐하지만 수많은 여성들이 빠져든 피카소의 매력은 대체 무엇이었을까 싶다. 아무래도 부와 명예를 지닌 천재 예술가라는 점이 크게 작용하지 않았을까? 유명 아티스트의 연인이 된다는 것…. 누구나 한번쯤 동경해볼 만도 하다. 평범한 남자에게선 맛볼 수

없는 부와 명성을 공유한다는 건 누구에게나 달콤한 유혹이다. 하지만 피카소의 사랑은 로댕만큼이나 이기적이었다. 평생 양다리 걸치지 않은 적이 없고 아직도 식지 않은 열정을 지닌 여인들에게 찬물을 끼얹으며 매정하게 내동댕이친 그는 '우는 여자'의 궤변처럼 오히려 이런 말을 남기기도 했다.

"나는 단 한 번도 사랑하는 여인을 버린 적이 없다. 단지 그녀가 나를 떠났을 뿐이다…."

그런 나쁜 남자이건만 피카소의 여인들은 그의 주변을 맴돌았고 심지어 미성년자로 만났던 마리 테레즈는 피카소 사망 후 그를 만난 지 50년째 되는 날, "천국에 간 피카소를 돌보기 위해 나도 저세상에 가야만 한다"며 목매달아 자살까지 했으니 피카소의 매력 포인트가 뭔지 정말로 궁금하다. 돈도 명예도 좋지만 피카소의 여인이 되어 그런 비극적 사랑의 주인공이 되어야 한다면 나는… "됐거든요"라고 말하고 싶다. 요란한 사랑보다 잔잔한 사랑이 더 강하다는 것…. 나이를 먹으면서 알게 된 나름의 지혜인지도 모른다.

"우리 할아버지 피카소의 그림을 팝니다"

2015년 초, 전 세계 미술계가 술렁이며 바짝 긴장했다. 파블로 피카소의 손녀 마리나 피카소가 자신이 상속받은 할아버지 작품을 대거 팔

Paris Sketch

겠다고 밝혔기 때문이다. 그것도 공식적인 경매를 통하지 않고 개인적으로 팔 것이라 했으니 많은 작품들이 한꺼번에 쏟아져 나올 경우 행여 작품 값이 급락하는 건 아닌지 우려해서다.

그녀가 할아버지의 작품을 팔아치우려는 이면에는 아픈 가족사가 담겨 있다. 환갑을 훌쩍 넘긴 마리나는 피카소의 세 번째 여인이자 첫 번째 부인인 올가가 낳은 아들 파울로의 딸이다. 파울로는 피카소의 유일한 적자였지만 어머니가 떠난 후 아버지 운전기사 노릇을 하며 용돈을 구걸하다시피 하며 살았다. 아들을 냉대했던 피카소는 끼니를 거를 만큼 궁핍하게 사는 손자 손녀에게도 지극히 무관심했다. 게다가 피카소가 숨졌을 때 할아버지 장례식에 한 발짝도 들일 수 없었던 마리나의 오빠 파블리토는 그 충격에 며칠 뒤 음독자살을 하고 말았다. 오빠의 자살 이후 마리나는 15년간 정신과 치료를 받아야 했다.

피카소 사망 후 유산으로 남겨진 작품은 1만여 점으로 전해진다. 당시 프랑스 정부는 상속세법을 개정해 상속자들이 현금 대신 미술품으로 상속세를 낼 수 있도록 했다. 이로 인해 프랑스 정부는 피카소 작품 3,800점을 소유하게 되었고 그 작품들을 바탕으로 파리에 피카소 미술관이 세워졌다.

가족에게 분배된 유작 중 마리나가 물려받은 작품은 회화만 300여 점에 이른다. 그녀는 그 작품들을 두고 '사랑 없는 유산'이라고 했다. 어린 시절 할아버지에게 냉대를 받으며 살아온 그녀는 할아버지에 대한 분노로 한때 할아버지 작품들을 벽 쪽으로 돌려세워 놓기도 했단다.

"나는 대가족에서 태어났다. 하지만 우리 가족은 가족이 아니었다.

나는 피카소의 손녀지만, 피카소의 가슴속에서도 그랬던 것은 아니다. 나에게 할아버지는 없다."

그런 할아버지의 작품을 품고 있으니 차라리 작품을 팔아 어려운 이들을 위해 쓰겠다는 게 그녀의 생각이었다. 어릴 적 극심한 가난의 고통을 겪었던 그녀는 이전에도 간간이 작품을 팔아 자선사업을 해왔다. 비밀주의가 강한 미술 시장이기에, 그녀가 피카소의 어떤 작품들을 소장하고 있고 어떤 작품들을 팔 것인지는 알 수 없다. 다만 그녀가 이러한 선언 후 첫 번째로 내놓은 작품이 〈가족〉인 것을 보면 가족을 가족답지 못하게 만든 할아버지에 대한 원망이 깔려 있는 게 아닌가 싶다. 〈가족〉은 피카소의 1935년 작품이고 그 1935년은 마리나의 할머니 올가가 피카소를 떠난 해다.

대통령이 만들어낸
파리의 명소

시테 섬 북쪽 강변에 자리한 파리 시청을 등지고 오른쪽으로 조금만 들어가면 퐁피두 센터가 있다. 퐁피두 센터는 과거 수세기 동안 파리의 중심가를 떡하니 차지하고 파리 시민의 먹을거리를 책임지던 재래시장 자리에 들어선, 프랑스 현대종합예술의 메카 격인 건물이다. 잠시 센강을 벗어나 마주한 퐁피두 센터는 익히 알려진 대로 건물 안에 있어야 할 배수관과 가스관, 환풍구, 심지어 에스컬레이터까지 모두 밖으로 노출된 '속 보이는' 모습으로 맞아주었다. 정말이지 누가 언제 봐도 언뜻 '공사 중인가?' 착각할 만큼 독특한 모양새니 근처만 가도 금세 알아볼 수 있다.

퐁피두 센터는 예술을 지극히 사랑했던 프랑스의 대통령 이름에서 따온 명칭이다. 1969년 샤를 드골 대통령의 사임으로 뒤를 이은 조르주 퐁피두 전 대통령이 그 주인공이다. 퐁피두 대통령은 취임 직후 "파리를 일반 사무실만큼 미술관이 많은 문화 중심지로 만들 것"이라 공언했다. 이 공언이 '빈말'이 되지 않도록 대통령이 직접 발 벗고 나서 공모전을 벌였고 세계 곳곳의 건축가들이 응모한 작품은 무려 681점에 달했다. 이 열띤 공모전의 당첨자는 의외로 이름 없는 신인들이었다.

이탈리아인 렌조 피아노와 영국인 리처드 로저스가 공동 설계한 디자인은 당시로선 그야말로 파격이었다. 40여 년 전, 유명하지도 않은 새내기 건축가를 인정하고 건물 안에 숨어 있어야 마땅할 복잡하고 정신없는 것들이 죄다 밖으로 나와버린 요상한 건축물을 과감하게 받아들인 대통령의 혜안이 놀랍다. 하지만 예술 문화에 그렇게 열정을 쏟던 퐁피두 대통령은 아쉽게도 1974년 희귀병으로 불현듯 사망해 완공된 건물을 보지 못했다. 그 열정에 대한 경의의 표시로 퐁피두 센터란 이름이 붙여진 것이다.

8년간의 공사 끝에 1977년 퐁피두 센터가 '짠~'하고 모습을 드러냈을 때, 그 생뚱맞은 외모에 파리 시민들의 거센 반발을 사기도 했지만 비난은 그리 오래가지 않았다. 오히려 엉뚱하지만 볼수록 재미있는 건물 앞에 사람들이 몰려들면서 지금은 파리를 대표하는 명소로 떡하니 자리를 잡았다. 그에 걸맞게 건물 밖 퐁피두 광장은 고정관념에 얽매이지 않은 자유로운 끼를 발산하는 악사나 마임배우, 마술사들의 거리 공연장이 되어 광장에 철퍼덕 앉아 구경하는 것만으로도 기분이 좋아진다.

아수라장이 되고 만
상상 초월의 발레 공연

퐁피두 센터도 이색적이지만 사실 좀 더 눈길을 끌었던 건 퐁피두 센터 옆에 있는 스트라빈스키 광장 분수대였다. 수영장 같은 분수 안에는 보기만 해도 웃음이 나는 작품들이 가득했다. 모터 장치를 달아 빙글빙글 움직이는 작품들은 모양새도 다양하다. 볼록한 가슴에서 살포시 물을 뿜어내는 여인상이 있는가 하면 도톰한 앵두 같은 입술에서도 물이 흐르고 음자리표, 뱀, 개구리, 여우, 불새, 어릿광대 모두 제각각 멋을 내며 빙글빙글 돌아가니 한 편의 유쾌한 무도회를 보는 느낌이다. 하다못해 입술 모양의 의자와 테이블이 줄줄이 놓인 카페도 재미있다. 분수 가장자리 벽면에선 말아 올린 콧수염의 살바도르 달리가 특유의 익살스런 표정으로 그 모습을 지켜보고 있다. 광장 한쪽 바닥에선 자신만의 명작을 그리는 거리 화가들의 손놀림이 분주하다. 이처럼 광장은 그 자체만으로 하나의 살아 있는 미니 야외미술관이 된다.

그런데 파리 한복판에서 유쾌한 쉼터 노릇을 톡톡히 하고 있는 이 광

장에 왜 러시아 출신 작곡가의 이름을 붙였을까? 사실 이 분수는 1913년 5월 29일 파리 샹젤리제 극장 개관 기념으로 첫선을 보인 스트라빈스키의 작품 〈봄의 제전〉을 표현한 것이다. 지금은 스트라빈스키의 대표적인 걸작으로 꼽히지만 초연 당시 너무나 파격적이었던 이 곡은 테러나 다름없는, 아주 형편없는 평가를 얻었다.

〈봄의 제전〉 발레 공연이 열리던 그날 밤, 샹젤리제 극장은 드레스와 턱시도로 한껏 멋을 부린 관객들로 가득 찼다. 그도 그럴 것이 〈불새〉 〈페트르슈카〉 등으로 명성이 자자한 스트라빈스키와 당시 파리를 열광케 했던 러시아 발레단의 협연이었으니 관객들의 기대가 하늘을 찌를 만큼 컸던 것이다. 하지만 공연이 시작되고 얼마 후 극장은 그야말로 아수라장이 되었다. 변화무쌍한 박자에 악기들은 제각각 다른 리듬으로 거친 소리를 토해내고 그 불협화음에 맞춰 기괴한 몸짓을 해 보이는 공연은 상상을 초월하는 것이었다.

그러자 격조 높은 클래식과 백조의 호수처럼 우아한 발레 공연을 기대했던 관객들은 이제껏 듣도 보도 못한 음악과 춤에 고래고래 소리를 지르고 야유를 보내며 난리를 쳤다. 관객들은 '멋지다'는 소수 의견과 '형편없다'는 다수 의견으로 갈려 주먹다짐까지 벌였고 급기야 경찰이 개입하는 상황까지 이르렀다. 이런 난장판 속에서 공연이 중단되지 않은 게 기적 같은 일이었다. 이는 파리 공연 역사상 전무후무한 스캔들로 기록되고 있다.

바츨라프 니진스키가 안무를 짠 〈봄의 제전〉은 태양신을 위해 농민들이 제물로 바친 처녀가 죽음에 이르는 의식을 담고 있다. 러시아에서 자란 스트라빈스키는 봄이 오면 어김없이 매서운 겨울을 이겨내고 솟아나는 자연의 생명력에 감동을 받았고, 기존의 음악 관념을 철저하게 부수며 강렬하다 못해 폭발적인 에너지로 그것을 표현했던 것이다. 비록 첫선을 보였을 때는 많은 이의 비난을 샀지만 세상이 달라진 지금은 독특한 개성의 표본이 되었다. 바로 이것이 기존의 건축 개념을 뒤집은 퐁피두 센터와 일맥상통했기에 스트라빈스키의 이름을 달고 나란히 자리하게 된 것이다.

코코 샤넬과 스트라빈스키는 어떤 사이?

1913년 5월 29일 밤, 아수라장이 된 스트라빈스키의 〈봄의 제전〉 공연은 영화 〈샤넬과 스트라빈스키〉에서 고스란히 엿볼 수 있다. 난장판이 되어버리는 공연으로 막을 여는 이 영화는 당대 최고의 패션 디자이너 코코 샤넬과 스트라빈스키의 열정적인 사랑을 다룬 작품이다. 객석에서 그 과정을 지켜보던 샤넬과 스트라빈스키가 만난 건 시간을 훌쩍 넘긴 1920년 무렵이다. 러시아 혁명으로 인해 고향으로 돌아가지 못한 스트라빈스키 가족이 낡은 호텔을 전전할 때 공연장에서 그에게 나름 흥미를 가졌던 샤넬이 그들 가족을 자신의 저택에 머물게 한다.

'친절한 샤넬 씨'의 배려로 넓고 쾌적한 집으로 둥지를 옮기게 됐지만 한 지붕 아래 한 남자와 두 여자의 기묘한 동거가 온전할 리 없다.

샤넬과 스트라빈스키는 적당히 거리를 두는 듯했지만 점점 서로에게 끌렸고 결국 뜨거워진 감정을 이기지 못하고 아내와 아이들이 있는 집에서 대담한 정사를 나눈 후 비밀스런 사랑을 이어나간다. 그런 상황에서 여자의 촉이란 게 얼마나 예리하던가. 한 집에 살고 있는 아내가 그걸 모를 리 없고, 그런 걸 눈감고 넘어갈 아내가 어디 있으랴. 결국 스트라빈스키의 아내는 아이들을 데리고 남편 곁을 떠나버린다. 하지만 둘만 남아 마냥 행복할 것 같던 열정적인 불륜의 관계도 그리 오래가진 못했다.

〈샤넬과 스트라빈스키〉는 샤넬이 자신의 삶을 회고하면서 스트라빈스키와 한때 특별한 관계였다고 고백한 것을 바탕으로 쓴 영국 작가의 소설 《코코와 이고르》를 토대로 만든 영화다. 실존 인물의 삶을 다룬 영화는 어디까지가 진실이고 어느 것이 허구인지 논란거리가 되는 경우가 종종 있다. 영화에서처럼 두 사람은 정말 불륜을 무릅쓰고 열정적인 사랑을 나눈 연인이었을까? 유부남이었던 스트라빈스키가 많은 남자와 사랑했던 샤넬을 한때 짝사랑했다는 기록이 있다니 그럴 가능성도 배제할 순 없지만 영화는 말 그대로 '소설'에 가깝다는 평이 일반적이다. 소동이 일어나던 그날 밤 객석에서 무대를 흥미롭게 지켜보던 샤넬의 모습도 사실은 허구다. 그러나 스트라빈스키가 가족과 함께 1920년경부터 얼마간 그녀의 집에 머문 것이나 샤넬이 〈봄의 제전〉 재공연을 위해 후원한 것은 사실이다. 한 살 차이였던 그들 모두 시대를 앞서 독창적인 세계를 펼쳤고, 똑같이 장수한 끝에 1971년 같은 해에 눈을 감았다는 게 그나마 운명적인 인연이라고나 할까?

카바레 가수에서
전설의 디자이너가 되다

스트라빈스키가 음악 혁명가라면 샤넬은 패션 혁명가다. 영화 〈샤넬과 스트라빈스키〉에서도 볼 수 있듯 당시 여성들의 옷은 화려하기 그지없는 드레스가 대부분이었다. 보기에는 좋지만 그런 옷들은 여성들을 고통스럽게 했다. 우선 허리를 잘록하게 보이기 위해 복부를 있는 대로 조이는 코르셋을 입어야 했으니 숨 쉬기가 힘들고, 행여 치렁치렁한 치맛자락을 밟아 넘어질까 걱정되니 걸을 때마다 불편하다. 그런 답답함과 불편함에서 해방시켜준 이가 바로 샤넬이다. 블라우스를 만들어 코르셋을 벗어던지게 했고 치마를 싹둑 잘라 발걸음을 편하게 했다. 게다가 당시 남성 전용이던 바지를 여성 옷으로 둔갑시키기도 했다. 지금이야 너무나 익숙한 여성 옷이지만 당시로선 기존 패션을 확 뒤집어버린 혁명이었다.

디자이너 코코 샤넬로서의 삶은 화려했지만 본명인 가브리엘 샤넬로서의 인생은 굴곡도 많았다. 1883년 프랑스 남부 시골 마을, 그것도 가난한 집에서 태어난 그녀의 어릴 적 삶은 불우하고 쓸쓸했다. 12살 때 어머니가 세상을 뜨자 아버지는 어린 딸을 수도원에서 운영하는 보육원으로 보냈다. 이곳에서 직업 교육의 일환으로 바느질을 배운 그녀는 18살 되던 해 파리로 들어와 낮에는 재봉사로 일하고 밤에는 카바레에서 노래를 불렀다. 이때 그녀가 즐겨 불렀던 노래가 〈내 귀여운 강아지 코코를 본 사람 누구 있나요?〉였다. 카바레의 인기 가수가 된 그녀가

노래를 부를 때마다 손님들이 "코코"를 외쳤기에 '코코'가 그녀의 애칭이 되었다. 힘들었던 유년 시절을 잊고 싶었던 그녀는 이때부터 가브리엘 대신 코코라는 이름을 사용했다. 2개의 C가 등을 맞대고 교차하는 샤넬 로고도 '코코coco'에서 비롯됐다는 얘기도 있다.

가수 시절 그녀는 집안 좋고 돈 많은 에티엔 발잔의 연인이 되어 그의 저택에 머물면서 상류사회 물을 먹게 된다. 이 남자 덕에 파리 상류층 사교계에 발을 들이게 된 샤넬은 1910년 다른 남자를 만나는데, 그가 바로 그녀의 운명을 바꿔준 영국인 사업가 아서 카펠이다. 그녀의 재능을 알아본 카펠은 사랑하는 여인을 위해 모자 가게를 차려주었고 3년 뒤인 1913년에는 부티크를 열어주었다.

연인의 도움으로 첫 부티크를 연 도빌은 해변 휴양지였다. 이것이 곧 디자이너 샤넬의 발판이 되었다. 휴가를 즐기러 온 사람들이 정장이나 드레스를 입을 리 없으니 눈에 보이는 편안한 해변 복장에 영감을 얻어 만든 그녀의 옷들은 거추장스러운 드레스에 시달리던 여인들의 마음을 금세 사로잡았다. 화려하진 않지만 우아하고 세련된 샤넬의 옷은 고가임에도 날개 돋친 듯 팔려나갔다. 이를 바탕으로 1918년 파리에 매장을 연 샤넬은 어느새 유명 디자이너가 되어 있었다.

이렇듯 돈과 명예를 한꺼번에 거머쥐었지만 그녀는 조금도 행복하지 않았다. 사랑이 떠났기 때문이다. 자신을 사랑하고 아낌없이 후원해주던 남자, 카펠이 이듬해 교통사고로 느닷없이 세상을 떠난 것이다. "카펠을 잃었을 때 나는 모든 것을 잃었다"라며 속마음을 털어놓은 그녀는 사랑을 잃은 공허함에 오히려 더 사랑을 찾아다녔다. 그녀는 영국의 웨스트민스터 공작, 러시아 망명 귀족 드미트리 파블로비치 등 숱한 남자들과 염문을 뿌렸지만 종래는 사랑이 아닌 일을 택했다. 샤넬이 스트라빈스키 가족에게 저택을 제공한 것도 이 무렵이다.

샤넬 하면 떠오르는 또 한 가지가 '샤넬 No.5'다. 1921년 출시된 이 향수는 당시 연인 관계였던 드미트리 파블로비치가 러시아 황실 조향사를 연결시켜줌으로써 탄생됐다. 훗날 마릴린 먼로가 "내가 침대에서 걸치는 유일한 것은 샤넬 No.5뿐"이라고 밝혀 더욱 유명해진 '샤넬 No.5'는 지금도 향수의 대명사로 꼽힌다.

거칠 것 없이 승승장구하던 그녀에게 태클을 걸었던 것은 전쟁이었다. 아니, 스스로 발목을 잡았다는 게 맞는지도 모른다. 제2차 세계대전이 발발한 후 독일군이 파리를 점령했을 때 그녀는 13살 연하의 나치

독일 장교와 사랑에 빠져버렸다. 그녀 나이 쉰일곱 때다. 사랑이 죄라고 할 순 없지만 문제는 그녀가 나치에 협력해 비밀작전을 펼쳤다는 점이다. 당시 패색이 짙어가던 독일은 샤넬을 통해 무조건 항복을 요구하는 윈스턴 처칠의 마음을 움직이려 했다. 그녀는 처칠이 옛 애인인 웨스트민스터 공작의 친구인 것을 빌미로 접근하려 했지만 작전은 실패했다. 이미 그녀는 영국 정보망에 걸려든 요주의 인물이었기 때문이다. 종전 후 그 행위가 밝혀지면서 배신자로 낙인 찍힌 그녀는 스위스에서 망명 생활을 해야 했다.

샤넬이 망명 생활을 접고 파리로 돌아온 건 1954년이다. 근 10년 세월이 흐르면서 당시 패션계를 주름잡던 이는 크리스티앙 디오르였다. 돌아온 직후 그녀는 패션쇼를 열었지만 반응은 싸늘했다. 여성의 몸매를 아름답게 과시하는 크리스티앙 패션에 빠진 여인들은 예전과 다름없는 그녀의 옷을 진부하다고 혹평했다. 패션쇼는 실패였지만 코코 샤넬이 돌아왔다는 사실만으로도 하나의 사건이었다. 복귀 당시 이미 칠순을 넘긴 샤넬은 혹평에 굴하지 않고 여전히 자신만의 스타일을 고수했고 믿기 어려울 만큼 왕성한 활동을 펴나갔다.

하지만 그녀도 세월을 이기진 못했다. 어린 시절 아버지에게 버림받았던 그녀는 사랑도 숱하게 했지만 언제나 외로웠다. 그래서 늘 일에 몰두했던 그녀에겐 일하지 않는 일요일이 가장 견디기 힘든 날이었다. 그랬던 그녀가 호텔에서 세상의 마지막 눈을 감을 때에도 그 눈에 담긴 사람은 아무도 없었다. 1971년 1월 10일, 쓸쓸한 겨울날에…. 그렇게 홀로 외롭게 죽은 그녀의 유해는 나치에 협력했던 과거로 인해 파리에 묻

히는 걸 거부당해 망명 생활을 했던 스위스 로잔에 안장되었다.

"패션은 사라지지만 스타일은 영원하다. 샤넬은 스타일이다."

그녀는 갔지만 평생 그녀의 삶을 지배해온 군더더기 없는 '샤넬 스타일'은 돌고 도는 유행의 변천 속에서도 변함없는 모습으로 사랑받고 있다. 그녀의 삶은 아멜리에의 주인공 오드리 토투 주연의 〈코코 샤넬〉에서 어느 정도 엿볼 수 있다. 이 영화 속에선 특히 아서 카펠과의 사랑이 도드라지게 담겨 있다.

그래도
다시,
사랑

파리는
오늘도 느긋하다

센 강변을 걷다 보면 드는 생각 중 하나가 서울은 너무 빨리 변한다는 것이다. 눈만 껌벅하면 새 건물이 뚝딱 들어서고 골목이 없어진다. 언젠가의 맛이 생각나 다시 가보면 흔적도 없이 사라져버린 가게가 한둘이 아니다. 하지만 내가 15년 전, 10년 전에 갔던 파리의 카페나 음식점은 여전히 옛 모습 그대로 자리를 지키고 있었다. 그것이 오랜만에 다시 찾은 이방인의 낯설음을 조금은 완화시켜주었고 예전의 기억을 새롭게 해주기도 했다. 이에 비해 서울의 빠른 변화는 그렇게 나의 옛 추억도 쓸어내버렸다.

어디 그뿐이던가. 아마 우리의 배달 문화는 전 세계에서 최고일 거다. 시간과 장소를 불문하고 전화 한 통에 스마트폰 터치 한 번이면 총알같이 가져다 주는 음식을 먹을 수 있으니 세상 참 편리하다. 몇 분 만에 후다닥 먹어치우고 문밖에 그릇만 내놓으면 되니 더더욱 편리하다. 하지만 그 편리함 속엔 여유도 낭만도 없다. 나도 그런 적이 꽤 많지만 그런 내가 참 멋대가리 없어 보였다. 물론 그래야만 하는 이유도 있지만 한편으론 왜 그래야만 하는지… 라는 생각도 든다.

음식을 마주하는 데 있어 우리와 프랑스는 참 많이 다른 것 같다. 우리는 급하지만 파리는 느긋하다. 어쩌면 그들 눈에 우리의 총알 같은 배달 문화는 그 신속함의 편리성보다 멋대가리 없는 조급증으로만 보일지도 모른다. 그들에게 먹는다는 건 단순히 끼니를 해결하기 위한 것만은 아니기에 말이다. 먹는 것을 빌미로 함께 어울려 2시간 이상을 기꺼이 허용하는 그들의 식사는 그만큼 소통이 오가고 여유를 즐기는 시간이다.

강변길을 내내 걸으니 다리가 뻐근해왔다. 콩코르드 광장 근처에 있는 벤치에 누워 구름이 동동 떠 있는 하늘을 바라보니 졸음에 겨운 눈꺼풀이 자꾸만 내려앉는다. 깜빡 잠이 들었던 모양이다. 눈을 떠보니 해가 뉘엿뉘엿 넘어가고 있었고 내 앞으로 양복자락을 펄럭이며 자전거를 탄 아저씨가 스쳐 지나갔다. 그 뒤로도 자전거 탄 이들이 줄줄이 지나갔다. 파리에는 자전거를 타고 출퇴근하는 이들이 많다. 물론 그들의 퇴근길도 우리처럼 차가 많고 복잡하긴 했다. 그럼에도 자전거 타는 이들이 불편해 보이진 않았다.

우리나라에도 요즘엔 자전거 타는 이들을 위해 만든 자전거 전용 도로가 꽤 갖춰져 있다. 그러나 휴일의 취미생활을 위한 별도의 공간일 뿐 일상의 출퇴근용과는 거리가 좀 멀다. 시내에도 군데군데 도로 가장자리에 자전거도로를 만들어놓긴 했지만 이렇다 할 안전장치 없이 선만 그어놓은 알량한 자전거도로는 그나마 인식이 부족한 자동차 운전자들이 넘나드는 통에 마음 놓고 타기가 힘들어 보인다.

파리에서 자전거는 속도가 조금 느릴 뿐 자동차와 동등한 대접을 받는다. 아니, 파리 어느 곳이든 자전거 전용 도로가 있는 데다 자동차도로까지 마음껏 이용할 수 있으니 오히려 더 좋은 대접을 받는 셈이다. 게다가 자전거 공공임대 서비스인 '벨리브'의 성공적인 정착은 날이 갈수록 자동차를 몰아내고 있다. 파리에는 저렴한 가격으로 손쉽게 자전거를 빌리는 벨리브 정차장이 곳곳에 있다. 벨리브Velib는 프랑스어로 자전거Velo와 자유Liberte의 합성어로, 말 그대로 누구든 필요할 때 자유롭게 빌려 타고 아무 정차장이든 세워두는 방식이다. 1년 365일 24시간 운영되니 전철과 버스가 끊긴 시간엔 더 요긴하게 사용할 수 있다.

땅 밑을 오가는 지하철 풍경도 서울과 파리는 사뭇 달랐다. 시스템 면에서 보면 우리보단 파리가 좀 불편하다. 플랫폼에 전동차 차량 번호와 출입문 위치까지 친절하게 표시한 우리와 달리 파리는 그런 게 일절 없다. 출입문이 자동으로 열리는 노선도 있지만 승객이 직접 버튼을 누르거나 레버를 올려야 문이 열리는 게 대부분이니 무심코 서 있다 내리지 못하는 경우도 있다. 우리처럼 '이번 역은 어디고 다음 역은 어디다. 이 역은 출입문과 승강장 사이가 넓으니 조심해라. 내릴 때 두고 내리는 물건이 없는지 잘 살펴보라'는 자상한 안내 방송은커녕 정차하는 역명을 알려주지 않는 먹통 노선도 있다.

하지만 요즘 우리 지하철을 타면 책 보는 이들은 가뭄에 콩 나듯 드물고 일행 간에 대화를 나누는 이들도 별로 없다. 열에 아홉은 스마트

폰을 만지작거린다. 앉아 있건 서 있건 표정 없이 오로지 스마트폰에 몰입해 있는 사람들을 보면 언뜻 영혼 없는 로봇 같아 섬뜩함을 느낀 적도 있다. 물론 파리의 지하철 내에도 스마트폰을 이용하는 사람이 있지만 정말이지 우리처럼은 아니다. 책 보는 이도 심심찮게 있고 일행과 수다 떠는 이도 많아 우리 지하철보다 시끄럽지만 사람 사는 냄새가 난다. 또한 지하철을 갈아타기 위해 환승 통로를 지나다 보면 곳곳에서 음악을 연주하는 뮤지션도 꽤 많았다. 잠시 멈춰 서서 듣는 이도 적지 않았고 지나가다 그 음악에 맞춰 춤을 추다 가는 이들도 있어 그 모습이 인상적이었다.

낭만적인 센 강변에
어울리지 않는 그 냄새

이번 파리 여행을 통해 내 마음에 새겨진 단어가 하나 있다면 '여백'이다. 물론 나도 내가 사는 서울에 애착을 가지고 있다. 그럼에도 내가 파리를 빗대어 서울의 한구석을 꼬집어내는 건 여백을 용납하지 않는 우리의 빡빡한 삶이 내 마음의 여백도 몰아내는 것 같아서다. 여백을 놓고 뭐 거창한 정신세계를 논하는 건 아니다. 하지만 모든 건 아주 작은 것, 아주 사소한 것부터 시작된다.

한 예로, 운전을 하다 보면 차들이 밀리면서 멈추게 되는 경우가 종종 있다. 이때 앞차와 내 차 사이에 횡단보도가 걸리면 보행자를 위해 어느 정도 여백을 남겨둔다. 그러면 어디선가 꼭 얌체 같은 이가 끼어들곤 하니 나도 점점 앞차 꽁무니에 바짝 붙게 된다. 그러다가 신호등이 바뀌어 내 차 앞에서 물살 가르듯 벌어져 걷는 보행자들의 눈초리에 뒤통수가 따가웠던 적도 많다. 주차 때문에 싸우고 사람이 죽기까지도 했다. 별것 아닌 것 같은 일이 한 인생을 마감하게 하고 한 인생을 망치게도 한 것이다. 무엇이 우리네 삶을 이렇게 팍팍하게 하는지 가슴이 답답하다.

파리라고 왜 흠이 없겠는가. 우스갯말로 '집 떠나면 개고생'이라고도 하지만 사실 집을 떠나면 불편한 게 한두 가지가 아니다. 때론 음식이 입에 안 맞거나 잠자리가 불편할 때도 많다. 여행이기에 그러려니 하면서 넘어가기도 하지만, 가장 원초적인 생리현상은 마음으로 참고 넘어갈 수가 없는 문제다.

그러고 보면 우리나라는 화장실 인심이 참 후하다. 지하철은 물론 시내 곳곳의 웬만한 빌딩과 공원 화장실을 마음껏 드나들 수 있으니 말이다. 게다가 요즘 우리나라의 지하철 화장실은 깔끔함을 넘어 갤러리 카페를 연상케 하는 곳까지 있다. 그러나 파리는 음식을 사 먹는 레스토랑이나 카페 등이 아니고선 공원이든 어디든 돈을 내야 한다. 매년 세계에서 가장 많은 관광객을 받아들여야 하는 도시이다 보니 어쩔 수 없는 상황일 수도 있다. 하지만 화장실에 한 번 갈 때마다 꼬박꼬박 우리 돈으로 1,500원 남짓을 내다 보니 아주 급하지 않으면 참곤 했다.

물론 거리에도 어쩌다 한 번씩 회색빛 둥근 통으로 만들어진 공짜 화장실이 있긴 하다. 이 화장실을 이용할 땐 한 가지 주의할 점이 있다. 앞

선 사용자가 나오는 순간 무심코 들어갔다간 물벼락을 맞게 된다는 점
이다. 누군가 사용하고 나오면 몇 초 후 문이 자동으로 닫히면서 통 안
전체를 물청소하기 때문이다. 화장실 입구에 노란 불이 켜져 있으면 누
군가 사용하고 있다는 것이고 빨간불은 청소 중이란 표시다. 이후 초록
불이 들어왔을 때 들어가는 것이 이 화장실의 룰이다.

화장실 때문에 그렇게 많이 걸어 다니면서도 가급적 물을 안 마시니
갈증도 많이 났다. 그렇게 참을 만큼 참다 정작 급해졌을 땐 화장실이
없어 찾아 헤매느라 식은땀을 흘려가며 전전긍긍했다. 그때엔 정말 구
경이고 뭐고 없다. 그래서인지는 모르겠다. 센 강변을 걷다 후미지거나
구석진 곳만 있으면 영락없이 오줌 지린내가 진동하는 게….

그래도 다소 무디고 아날로그적인 나로서는 신속하고 변화무쌍한 서
울보다 조금은 느리고 낡은 것을 꿍쳐두는 파리에 좀 더 마음이 쏠리긴
한다.

공포의 무대에서 화합의 상징으로
바뀐 콩코르드 광장

잠깐이었지만 달콤했던 잠에서 깨어나 마주한 콩코르드 광장은 파
리에선 가장 큰 광장이다. 이곳의 애초 이름은 '루이 15세 광장'이었다.
18세기 중반, 루이 15세가 자신의 이름을 달고 만든 것이다. 그러나 프
랑스 대혁명이 일어나면서 왕족과 귀족에 반감을 품은 군중들은 그의

기마상을 파괴하고 명칭도 아예 혁명광장으로 바뀌버렸다.

이름만 바뀐 게 아니다. 수많은 사람들이 자유롭게 모이고 이야기를 나누었을 이 광장은 피로 얼룩지는 공포의 무대로 바뀌게 된다. 바로 이곳에 설치된 그 유명한 단두대를 통해 숱한 사람들의 목이 떨어져나 갔다. 혁명이 일어나자 해외로 도피하려다 붙잡힌 루이 16세와 마리 앙투아네트는 물론 혁명의 주축에서 반역자로 몰린 조르주 당통과 당통을 처단했던 로베스피에르도 이곳에서 단두대의 이슬로 사라졌다.

혁명 이후 여차하면 목이 떨어져나가는 수년간의 공포정치가 끝나고, 이 광장은 '화합'을 뜻하는 지금의 이름으로 바뀌었다. 단두대가 있던 자리엔 아름다운 분수대가 들어섰고 광장 한복판엔 이집트에 있어야 할 오벨리스크가 생뚱맞게 자리를 꿰차고 서 있다.

오벨리스크는 태양신을 숭배한 고대 이집트인들이 태양신의 상징으로 만든 종교적 기념비이다. 하지만 그들의 고대 유물은 수백 년 전 식민지 건설에 열을 올렸던 서구 열강들에게 대부분 약탈당했다. 3,200여 년 전에 만들어진 이 오벨리스크 또한 이집트 총독이 프랑스에게 선물한 것이라지만 나폴레옹의 이집트 원정 후 옮겨진 것을 감안하면 뭔가 석연찮은 마음도 든다. 그래서일까? 광장에 홀로 삐죽하게 서 있는 오벨리스크가 내 눈엔 외롭고 애처롭게 보였다.

광장은 수많은 관광객들이 오가는 통에 복작복작했다. 관광객을 태운 꽃마차도 합세해 광장 주변을 맴돌고 있었다. 또각또각 경쾌한 말발굽 소리에 이끌려 한동안 마차 꽁무니를 따라 시선을 주다 보니 이곳에서 죽어갔을 비운의 왕비 마리 앙투아네트가 떠오르기도 했다. 그녀 또한 머나먼 오스트리아에서 몇 날 며칠을 이렇게 마차를 타고 파리로 건너왔을 터다. 아무것도 모르는 철부지 어린 나이에 자신의 의지와는 무관하게 프랑스 왕비가 되어 이곳에서 생을 마감한 그녀 또한 한편으론 애처로운 인생이다.

비운의 왕비가 누린
화려하지만 허망한 삶

마리 앙투아네트1755~1793. 오스트리아 여왕 마리아 테레지아의 막내 딸로 태어나 세상 물정 모르고 어린 시절을 보내다 불현듯 열다섯에 프랑스 왕세자비가 되었고 열아홉에 왕비가 된 여인이다. 한 나라의 왕비가 된다는 것…. 세상 모든 여자들의 로망일 수도 있다. 하지만 당시 유럽의 왕실이 대부분 그랬듯이 이들 또한 양국의 이해관계에 의한 정략결혼이었으니 그리 행복한 결혼만은 아니다.

프랑스 궁정의 법도는 그녀의 일거수일투족을 낱낱이 까발렸다. 모든 일상을 오픈해야 하는 그녀는 날마다 사람들의 눈길 속에 살아야 했다. 아침에 일어나 옷을 입는 것도, 목욕을 하는 것도, 식사를 하는 것도, 아이를 낳는 것까지도 만인이 보는 앞에서 해야 했다. 왕비의 출산이 공개된 건 행여 딸을 낳고는 남의 아들로 바꿔치기하는 걸 방지하기 위함이었다. 손을 움직일 때마다, 음식을 입에 넣고 오물오물 씹을 때마다 수많은 눈들이 뚫어져라 쳐다보고 있으니 밥도 맘 놓고 못 먹는 그

녀의 삶이 과연 행복했을까 싶다.

　언제나 사람들에 둘러싸여 있었지만 머나먼 타국 땅에서 온 그녀는 외로웠다. 소심하고 우유부단한 남편 루이 16세는 남편 구실도 제대로 못했거니와 그녀에게 정 붙일 구석도 주지 않았다. 호화로운 베르사유 궁에서 보내는 그녀의 삶은 하루하루가 화려했지만 무료했다. 끊임없이 무도회를 열고 온갖 보석으로 허한 마음을 달랬지만 그 끝은 오히려 더 공허했다.

　그렇다고 해서 궁핍한 삶에 지친 군중들이 그녀의 마음을 알아줄 순 없다. 그들에게 왕비는 그저 사치와 향락으로 자신의 나라를 말아먹은 '딴 나라' 여자일 뿐이었다. 그런 그녀를 치명적인 궁지로 몰아넣은 건 다이아몬드 목걸이 사건이었다. 이를 두고 괴테는 '프랑스 혁명의 서곡'이라고도 했다. 하지만 이는 사실 출세욕에 눈먼 한 추기경과 욕심과한 백작부인이 빚어낸 희대의 사기극이다.

　당시 한 보석상이 고가의 다이아몬드 목걸이를 왕비에게 들고 와 팔려다 너무 비싼 나머지 거절당했다. 이를 알게 된 백작부인은 마치 왕비가 보낸 양 보석상을 찾아가 왕비가 마음이 변해 은밀히 사고자 한다는 말을 전했다. 그리고 추기경에게는 왕비가 그의 명의로 목걸이를 사고 싶어 한다는 말을 넌지시 건넸다. 왕비에게 잘 보여 출세하고 싶었던 추기경은 그녀에게 다이아몬드 값의 거금을 건넸고 보석상 또한 목걸이를 넘겨주었다. 그러나 백작부인은 돈과 목걸이를 혼자 꿀꺽 삼키고는 종적을 감춰버렸다. 하지만 얼마 후 잡혀온 백작부인과 추기경이 법정에 섰을 때, 왕비의 정적들이 이 사기극을 왕비를 공격하는 기회로 삼았기에 왕비는 이내 이 모든 것을 조종한 사람으로 의심을 받게 된다.

이 사건으로 왕비를 향한 민중의 증오심은 극에 달하면서 온갖 악의적인 소문이 떠돌았다.

"빵이 없으면 케이크를 먹으라고 하세요."

굶주림에 고통 받던 국민들이 빵을 달라고 외쳤을 때 왕비가 이렇게 얘기했다는 소문 역시 근거 없는 것이지만 증오의 대상이 필요했던 민중들에게 그녀는 더없이 좋은 희생양이었다. 권력이 힘을 잃으면 가장 잔인해지는 게 그 권력 밑에서 가장 힘들게 살았던 민중들이다. 그것은 어쩌면 당연한 결과인지도 모른다. 결국 그녀는 국고를 낭비한 죄와 오스트리아와 공모해 반혁명을 시도했다는 죄명으로 1793년 10월 16일 단두대의 이슬로 사라졌다.

하지만 혁명을 일으킨 시민들도 애초 왕과 왕비를 죽일 의도까진 없었다. 죽음을 자처한 건 그들 자신이었다. 왕과 왕비가 나라를 버리고 도망가려 한 것이 화근이었다. 파리로 끌려와 감금된 그들은 오스트리아로 넘어가기 위해 비밀작전을 펼쳤다. 군인이었던 왕비의 애인과 몇몇 지인의 도움을 받아 탈출에 성공하면 국경선에서 오스트리아 군대가 그들을 맞기로 했다. 그렇게 야반도주에 성공한 국왕 일행은 무사히 탈출했다는 안도감에 느긋하게 피크닉을 즐기는 여유도 생겼다. 하지만 국경선에 닿았을 때 오스트리아 군대는 보이질 않았다. 너무 꾸물댔던 탓이다. 약속시간이 한참이나 지났는데도 국왕 일행이 나타나지 않자 탈출에 실패했다고 지레 짐작해 철수해버린 거였다. 당황한 국왕 일

행은 이리저리 헤매다 근위병 출신의 마을 사람에게 들켜 다시금 잡혀
왔다. 이것이 결국 시민들의 분노에 기름을 부어 죽음에 이르게 된 것이
다.

"인간은 불행에 처해서야 비로소 자기가 누구인지를 알게 됩니다….
이 순간 가장 가슴 아픈 건 가엾은 내 아이들을 두고 가야 한다는 점입
니다."

철모르던 시절에 결혼해 아이를 낳은 그녀 역시 자신보다 아이 걱정
을 먼저 하는 엄마였다. 다만 혁명의 조건이 무르익어가는 시기에 애당
초 그 난국을 헤쳐나갈 능력이 없던 왕의 아내였을 뿐이다. 그리 영리
하지도 않았고 그리 영악하지도 못했던 그녀는 자신의 말처럼 역사의
소용돌이에 내던져진 순간에야 비로소 자기가 어떤 존재였는지 알게
된 것이다.

언젠가 동양인 최초로 〈내셔널 지오그래픽〉 편집장이 되어 화제에
올랐던 김희중에드워드 김 선생님이 내게 이렇게 물었던 적이 있다.

"가장 행복한 삶이 어떤 건 줄 아세요?"

"글쎄요…."

"평범한 사람의 삶이에요."

하긴 타인의 시선을 받는다는 것, 남의 시선을 의식해야 한다는 것만
큼 불편한 것도 없다. 그러고 보면 남의 눈치 안 보고 마음껏 사랑하고
마음껏 살아갈 수 있는 평범한 이들의 삶은 행복한 것이다.

PAris Sketch

왕비의 산책로
샹젤리제 거리

사방이 훤하게 트인 콩코르드 광장에선 개선문까지 쭉 뻗은 샹젤리제 거리가 한눈에 들어온다. '낙원의 들판'이라는 의미의 샹젤리제는 과거 왕비가 마차를 타고 산책을 즐겼다는 곳이다. 한때 왕비의 산책로였던 이 거리는 '세계에서 가장 아름다운 대로'라 하여 파리를 찾는 여행자라면 누구나 한번쯤 거쳐 가는 곳이지만 사실 내 취향은 아니다. 골목길을 좋아하는 내게 너무 넓은 길은 부담스럽고, 고즈넉한 분위기를 좋아하는 내게 너무 번화한 거리는 마음이 편해질 않다.

아름다운 가로수 길이라지만 샹젤리제의 가로수들은 너무 인위적이다. 나무는 자기들 스스로 알아서 이리저리 가지를 내민 자연스러운 모양새가 제맛이다. 하지만 여기 나무들은 일률적으로 네모반듯하게 깎여서 언뜻 보면 초록빛 건물 같다. 알렉상드르 3세 다리 주변에 길게 늘어선 나무들도 그랬다. 처음 보는 순간엔 독특하다 싶었지만 보면 볼수록 인공미가 잔뜩 가미된 나무들이 그리 편안해 보이진 않는다. 하지만 이 가로수를 빌어 오색불빛으로 반짝이는 크리스마스 시즌의 샹젤리제 거리는 어느 겨울밤 다시 와서 꼭 한 번 보고 싶다.

샹젤리제 거리 시작점에는 개선문이 중심을 잡고 서 있다. 이는 나폴레옹이 오스트리아와 러시아 동맹군을 격파한 아우스터리츠 전투 직후 사실상 유럽을 지배하게 된 것을 기념하여 로마 티투스 황제의 개선문

을 본떠 만든 것이다. 로마가 그랬듯 개선문 아래로 행진하도록 허락된 자는 영웅뿐이었다. 하지만 착공 28년 만에 완성된 이 문을 나폴레옹은 살아생전 보지 못했고, 워털루전쟁에서 패해 유배된 세인트헬레나 섬에서 숨을 거두고도 근 20년이 지난 1840년에야 비로소 관 속에 든 몸으로 이 문을 지나갔다. 나폴레옹의 유해는 현재 앵발리드에 안치되어 있다.

언제나 가난한 민중들을 마음에 품었던, 《노트르담 드 파리》 《레미제라블》의 작가 빅토르 위고도 사후 국민들의 영웅이 되어 이곳을 지나갔다. 1885년 폐렴으로 숨진 그가 남긴 유언장엔 다섯 줄의 짧은 문장만이 들어 있었다.

"가난한 사람들에게 5만 프랑을 전한다. 그들의 관 만드는 값으로 사용되길 바란다. 교회의 추도식은 거부한다. 영혼으로부터의 기도를 요구한다. 신을 믿는다."

국장으로 치러진 그의 장례식에는 수백만 명이 모여 애도했고 그의 유해는 가난한 민중들이 끄는 수레에 실려 팡테옹에 안장되었다.

그 옛날 영웅들만 지날 수 있었던 개선문이 지금은 누구에게나 허용되어 밤낮으로 기념촬영 하는 이들로 붐빈다. 개선문 바깥 기둥엔 나폴레옹의 공적을 형상화한 조각품들이 볼록볼록 솟아 있고 나폴레옹의 유해가 지나갔던 안쪽 벽면에는 나폴레옹 시대의 참전 용사들 이름이 빼곡하게 새겨져 있다. 그리고 개선문 꼭대기 전망대에 오르면 방사형으로 뻗은 거리를 타고 펼쳐진 파리 시내가 한눈에 들어온다.

루이비통
명품의 비밀

샹젤리제 거리에 사람이 몰리는 이유 중 하나는 이곳이 명품거리이기 때문이다. 파리에서 가장 땅값이 비싼 이곳에는 루이비통 본사와 샤넬, 프라다 등 전 세계 여성들이 동경하는 명품 매장들이 죄다 모여 있다. 명품도 잘 모르거니와 그리 관심도 없는 나로서는 명품거리가 별 의미는 없지만 그나마 루이비통 본사는 약간의 관심을 두고 보긴 했다. 그건 그저 루이비통이 탄생 이래 지금까지 줄곧 내가 좋아하는 '여행'을 기본 화두로 삼아왔기 때문이다.

목공소 집안에서 태어난 루이 비통1821~1892은 열여섯 살에 파리로 옮겨와 아버지에게 배운 기술을 바탕으로 가방 제조 전문가 밑에서 견습공으로 일하면서 귀족들의 여행 짐을 꾸려주는 일도 병행했다. 당시 파리의 귀족 부인들 사이에선 땅바닥을 쓸고 다닐 만큼 길게 늘어뜨린 드레스가 대유행이었다. 격식 차리길 좋아하는 그들은 여행 때마다 그 치렁치렁한 드레스를 수십 벌씩 챙겨 마차에 싣고 다녔다. 이즈음 귀족들 사이에서 루이 비통은 그들이 애지중지하는 드레스를 구김 없이 완벽하게 싸주는 사람으로 소문나면서 급기야 나폴레옹 3세 부인인 외제니 황후의 여행 짐을 도맡아 싸게 된다.

이후 루이 비통은 황후의 후원으로 1854년에 자신의 이름을 건 가방 매장을 열게 된다. 이것이 오늘날의 명품 브랜드 '루이비통'의 시작이

루이비통 본사 앞

다. 여행 짐을 워낙 많이 꾸려왔던 루이 비통은 여행에 효율적인 가방을 고심하던 끝에 사각형 트렁크를 선보인다. 사실 기존의 여행 가방이란 건 나무로 만든 궤짝이나 다름없었다. 묵직한 데다 뚜껑도 반원형인지라 마차 짐칸에 여러 개를 쌓아 올리기도 불편했다. 허나 뚜껑이 평평한 사각형 트렁크는 차곡차곡 쌓아올리기 편했고 나무가 아닌 캔버스로 만들어 가볍기까지 했으니 그야말로 최고의 여행 가방이었다. 그즈음 마차보다 빠른 철도시대로 접어들면서 여행을 떠나는 부유층들이 점점 늘어났고 그에 따라 루이비통 트렁크는 없어서 못 팔 정도였다.

그의 가방이 선풍적인 인기를 끌자 여기저기서 모조품이 나돌기 시작했다. 이에 루이 비통은 바둑판무늬 패턴으로 차별화를 두었지만 그마저 따라오는 모조품들의 기승은 여전했다. 아버지 사후 가업을 이어받은 조르주 비통 또한 모조품에 골머리를 앓다 모조품 방지책으로 새로운 패턴을 고안해낸다. 아버지 이름의 머리글자인 L과 V자에 꽃과 별을 섞어 만든 조르주 비통의 '모노그램 캔버스'가 지금 우리가 보는 루이비통의 상징로고다.

모조품이라면 진절머리 치는 루이비통이지만 지금도 짝퉁이 가장 많은 명품이 바로 루이비통이다. 겉모습을 흉내낸 짝퉁은 많지만 그 안에 담긴 루이비통의 철학까지야 어찌 따라올 수 있으랴. 1987년 코냑으로 유명한 모에 헤네시와 합병한 루이비통은 이후 크리스찬 디올, 지방시, 겔랑 등 수십 개의 브랜드를 소유한 세계 최대 명품 그룹으로 거듭났다. 의류에서 신발, 시계, 선글라스, 액세서리, 필기구까지 영역을 넓혔지만 루이비통이 죽어도 손대지 않는 건 붙박이가구다. 여행의 동반자로 시작한 것이 루이비통의 뿌리였기에 여행 가방 안에 담을 수 있고 이동 가능한 제품만 고집하기 때문이다.

　루이비통 매장은 언제나 쇼핑객들로 붐빈다. 그 안에는 대리 구매 아르바이트생들도 적지 않게 끼곤 한다. 우리나라와 중국 일부 여행자들이 사재기를 하는 통에 언젠가부터 루이비통 측이 여행자 여권 하나당 제품 하나만 파는 기준을 내세웠기 때문이다. 그러니 루이비통 백 하나라도 더 챙기고 싶은 이들은 가난한 유학생들을 이용하고 이를 눈치 챈 루이비통 직원들은 물건을 내주면서 경멸의 눈빛을 보낸다니 왜들 그러나 싶다. 내 돈 주고 사면서도 그렇듯 눈치 보며 구걸하듯 사야 할 만큼 루이비통이 대단한 걸까?

　나이 들면 명품 백 하나쯤은 들어줘야 무시당하지 않는다지만 내겐 루이비통 순정품은커녕 짝퉁도 없다. 여행을 하다 보니 나 역시도 루이비통 여행 가방 하나쯤 갖고 싶은 마음이 없진 않다. 기왕이면 '뽀다구' 나는 가방이 왜 아니 좋으랴. 하지만 그저 하나 있으면 좋겠다는 마음만 있을 뿐, 그거 살 돈 있으면 어디 한 군데라도 더 여행하자 싶은 마음이 앞서기에 아마도 내 평생에 루이비통 가방 들 일은 없을 것 같다. 뭐, 싸구려 비닐 가방에 나일론 가방이면 어떠랴. 행여 공항 수하물 벨트에서 주인 찾아 빙빙 돌아다닐 때도 누군가 내 가방 탐낼 일은 없으니 마음도 편한 게 딱 내 스타일이다.

파리에서 에펠탑이 안 보이는
유일한 장소

개선문 코앞 센 강 너머에는 에펠탑이 보란 듯이 서 있다. 파리에선 어딜 가나 이 에펠탑이 보인다. 산꼭대기도 아니고 평지에 놓인 에펠탑이 파리 어느 거리에서나 보이는 건 그만큼 파리에 탑을 가릴 만한 고층빌딩이 없기 때문이다. 그러니 에펠탑은 자연스럽게 파리의 랜드마크가 된다.

물론 에펠탑만큼 높은 몽파르나스 타워도 있고 파리 외곽에 높은 건물이 있긴 하지만 시내의 건물들은 대체로 5~6층 정도다. 어딜 가나 시야를 확 가려버리는 높은 건물이 없으니 우선 답답하지 않아서 좋고 최소한 백년은 넘어 보이는 고풍스런 건물들은 편안함을 안겨주어 좋았다. 하지만 이곳 건물들은 대부분 고만고만한 키를 맞춰 촘촘히 들어선 탓에 건물들 간에 일절 틈이 없다. 건물과 건물이 빈틈없이 딱 붙어 있는 건 그 옛날 전쟁이 많았기 때문이다. 말하자면 적이 쳐들어올 경우 육중한 문만 걸어 잠그면 그 자체로 거대한 성벽이 되는 기능성의 결과물이다.

에펠탑은 1889년 파리 만국박람회 때 세워졌다. 알다시피 명칭은 설계자인 구스타브 에펠의 이름에서 따온 것이다. 만국박람회는 당시 유럽에서 국력 과시의 상징이요 경제력 향상의 원천이었기에 나라마다 적잖은 공을 들였다. 그 포문은 산업혁명의 발상지답게 영국이 먼저 열

었다. 1851년에 개최된 런던 만국박람회는 그간 대세를 이루던 돌 건물을 뒤엎고 만든 크리스털 건축물인 수정궁을 내세워 대성공을 거두었다. 그러자 오래전부터 영국과 앙숙관계였던 프랑스도 이에 뒤질세라 1855년, 1867년 연달아 박람회를 열었다. 하지만 수정궁을 따라잡진 못했다.

자존심을 구긴 프랑스는 20여 년 후 이를 만회하기 위해 다시금 파리 만국박람회를 개최한다. 이는 프랑스 혁명 100주년을 기념하는 것이었기에 프랑스로선 영국의 수정궁을 능가할 만큼 시선을 끄는 건축물이 필요했다. 하여 프랑스 정부는 박람회를 위한 공모전을 열었고 수많은 응모자들 가운데 에펠이 당첨된다. 당시 에펠은 유럽 각지의 대표적인 아치형 철골 다리를 놓은 교량 분야 최고의 전문가였다. 프랑스가 미국 독립 100주년을 기념해 선물한 자유의 여신상 뼈대를 만든 이도 바로 에펠이다.

다리에 적용한 아치 기술을 수직으로 세워 올린 에펠탑은 당시로선 획기적인 건축물이었다. 하지만 공사가 시작되자 잡음도 많았다. 얼기설기 엮인 철골 탑이 땅 위에서 쑥쑥 올라가자 모파상과 에밀 졸라를 비롯한 많은 예술가들이 에펠탑 철거를 위한 탄원서를 냈다. 그들 눈에 에펠탑은 우아한 파리 경관을 망치는 천박한 흉물덩어리일 뿐이었다. 어떤 이는 '비극적인 가로등'이라며 비난했고, 어떤 이는 '세우다 만 공장 파이프'라 비꼬았다. 또 어떤 이는 '철 사다리로 만든 깡마른 피라미드'라며 모멸감을 내비쳤는가 하면 '어쩌면 번개에 맞을지도 모른다'며 조롱한 이도 있었다.

사랑한다면 파리

이렇듯 온갖 비난과 조롱이 에펠을 힘들게 했지만 가장 큰 문제는 나라에서 지원하는 공사비가 턱없이 모자란 것이었다. 고심 끝에 그는 공사비를 자비로 부담하는 대신 향후 20년간의 입장료와 임대료를 자신이 받는 조건으로 공사를 이어나갔다. 대공사임에도 불구하고 단 한 건의 인명사고 없이 성공적으로 솟아오른 에펠탑은 당시 세계에서 가장 높은 건축물이 되면서 프랑스의 자존심을 살렸다. 한 치의 오차 없이 정교하게 솟은 에펠탑 덕에 그는 '철의 마술사'란 찬사까지 받았다. 아울러 박람회 기간 동안 수천만 명이 몰려 에펠은 자신이 부담한 비용을 바로 만회했다.

　박람회가 대성공으로 끝나자 비난의 입김도 수그러들었지만 그래도 기를 쓰고 끈질기게 반대한 이는 소설가 모파상이었다. 에펠탑을 유별나게 싫어했던 모파상은 에펠탑이 생긴 뒤 늘 에펠탑 안에 있는 식당에서 밥을 먹었단다. 언뜻 이해할 수 없는 행동 같지만 이는 파리에서 에펠탑이 안 보이는 유일한 장소였기 때문이다.

　사실 에펠탑은 20년 기한이 끝나는 1909년에 철거될 예정이었다. 하지만 철거 비용이 만만치 않아 미적거리던 참에 때마침 발명된 무선 전신 전화의 송신탑으로 활용되면서 살아남게 되었다. 안테나를 달면서 더욱 높아진 에펠탑324m은 지금도 송신탑으로 이용되고 있다.

　흔히 욕을 많이 먹으면 그만큼 오래 산다는 말들을 한다. 그 말이 맞기라도 한 듯 그렇게 욕을 먹으며 에펠탑을 만들었던 에펠은 그 시대에 91세의 나이로 생을 마감했으니 비교적 장수한 편이다. 그 역시 자신이 남긴, 한때 흉물덩어리라 조롱받던 그 에펠탑이 오늘날 파리의 상징이자 명물이 되어 이토록 많은 사람들의 발길을 끌어들일 줄은 몰랐을 터다. 그건 뉴욕의 상징 자유의 여신상도 마찬가지다.

프러포즈 받고 싶은
장소 1위

뭐든 좋게 보자면 미운 털도 예뻐 보이고 나쁘게 보면 하나같이 밉상으로만 보인다. '세우다 만 공장 파이프'와 '철 사다리로 만든 깡마른 피라미드'도 자세히 보면 섬세한 레이스처럼 보인다. 또 파리에서 가장 높은 에펠탑 전망대에서 굽어보는 전망은 시원하지만 정작 에펠탑이 빠져버리니 밍밍하고 심심하다. 모파상에겐 에펠탑 없는 파리가 아름다움이었지만 내 눈에는 에펠탑이 곁들여져야 파리다워 보인다.

'비극적이었던 가로등'도 지금은 빛의 화신이 되어 밤마다 사람들을 유혹한다. 해가 지면 에펠탑의 수많은 조명등이 일제히 불을 밝혀 파리의 밤을 로맨틱하게 수놓는다. 에펠탑에 불이 들어올 즈음이면 숱한 사람들이 에펠탑 앞에 놓인 이에나 다리 건너 샤요궁 앞으로 몰려든다. 바로 이곳이 가장 온전한 모습의 에펠탑을 볼 수 있는 장소이기 때문이다. 하지만 어디든 사람들이 몰리는 곳엔 소매치기도 몰려들고 관광객을 겨냥한 야바위꾼들도 몰려드니 조심, 또 조심해야 한다.

내가 이에나 다리에 들어섰을 때도 야바위꾼이 있었다. 그는 윗면은 모두 까맣지만 밑바닥은 하나만 하얀 판 3개로 사람들을 유혹했다. 게

임은 아주 간단했다. 먼저 하얀 판이 놓인 자리를 보여주고 빠른 손놀림으로 이리저리 섞어놓고 나면 돈을 걸고 하얀 판을 가려내는 거였다. 순식간에 20유로, 50유로, 100유로가 오갔다. 순식간에 돈을 잃을 수도 있지만 순식간에 적지 않은 돈을 딸 수도 있으니 몇몇 관광객도 그 유혹을 떨쳐버리긴 힘들었던 모양이다. 하지만 한 중국인 관광객이 2, 3분 만에 400유로를 잃고 가는 걸 보니 단순히 재미 삼아 끼어들 판은 아닌 것 같았다.

중국인이 가버리자 야바위꾼은 구경만 하고 있던 내게 판을 섞어놓고 해보란다. 안 한다며 고개를 살짝 저으니 그냥 시험 삼아 맞춰보란다. 사실 판을 놓기 전 야바위꾼의 손놀림을 유심히 지켜본 터라 내심 찍어두었던 것을 짚으니 예상대로 하얀 판이었다. 야바위꾼의 손엔 100유로짜리 두 장이 있었고 그만큼의 내 돈을 보여주면 건 것으로 치고 준단다. 하지만 '공짜 치즈는 쥐덫에만 있다'는 러시아 속담처럼 세상에 공짜는 없다. 가만히 생각해보니 내가 지닌 현금을 체크하려는 것 같았다. 주변에는 야바위꾼 일행이 꽤 많아서 그들이 내 돈을 노릴 수도 있겠거니 싶어 자리를 뜨려는 순간, 갑자기 여기저기서 그들만의 암호가 전달되더니 순식간에 그들이 먼저 흩어져 없어졌다. 저만치에서 특공대 복장을 한 경찰들이 다가오고 있었던 것이다.

사요궁 앞 광장에는 이미 많은 사람들이 곳곳에 자리 잡고 앉아 에펠탑에 불이 들어오길 기다리고 있었다. 그리고 얼마 후 에펠탑 조명등이 어두워진 밤하늘을 수놓기 시작하자 여기저기서 함성이 들려왔고 누군

가는 박수를 치기도 했다. 그즈음 에펠탑을 무대배경 삼아 왈츠를 추는 중장년층 커플들이 적지 않았고 탑 주변에는 아예 돗자리를 깔고 앉아 와인을 마시며 이야기를 나누는 청춘들과 사랑을 속삭이는 연인들로 수두룩했다. 그들 사이로 비닐봉지에 와인과 맥주를 담아 팔러 다니는 이들도 있었고 에펠탑 모형을 파는 사람도 많았다. 밤이 되니 그들이 들고 다니는 에펠탑에서도 반짝반짝 빛이 났다. 그 작은 에펠탑들이 사방에서 출렁거리니 꼭 어미 주변을 맴도는 노란 새끼병아리들 같았다.

밤이 깊을수록 황금빛 에펠탑은 더욱 도드라졌다. 그 까만 밤에 크리스마스 트리처럼 반짝이는 에펠탑을 배경으로 웨딩촬영을 하는 이들도 보였다. 그들을 향해 수많은 사람들이 휘파람을 불어가며 환호를 보내면서 바글바글, 와글와글, 시끌벅적, 한바탕 밤잔치를 벌여준다.

왜 전 세계 여성들이 프러포즈 받고 싶은 곳 1위로 에펠탑을 꼽았는지 비로소 알 것 같다. 파리의 상징 에펠탑과 함께 이렇듯 로맨틱한 밤을 즐기는 모습을 보니 헤밍웨이의 말대로 '파리는 날마다 축제' 그 자체였다.

그림 속
풍경을
가다

Château de Versailles
절대 권력의 상징, 샤토 드 베르사유

　　파리 여행자들이 웬만하면 빼놓지 않고 들르는 곳이 바로 파리 근교에 있는 베르사유 궁전이다. 베르사유 궁전은 프랑스 역사상 가장 막강한 권력을 과시했던 루이 14세가 세웠는데, 본래 이곳은 그의 아버지 루이 13세의 전용 사냥터였다. 사냥터에 있는 아버지 별장을 당대 최고 건축가와 조경사를 불러들여 거대한 궁전으로 탈바꿈시킨 건 왕의 절대 권력을 내세우기 위해서였다.

　　착공 20년 만인 1682년, 파리의 루브르 궁전에서 이곳으로 거처를 옮긴 루이 14세는 각 지역에 있는 수천 명의 고위 귀족층들을 굳이 불러들여 궁전 안팎에서 살게 했다. 이때부터 시행된 '루이 14세표 궁정 에티켓'은 당시 귀족들을 늘 긴장 상태에 몰아넣었다. 루이 14세는 아침에 일어나면서부터 잠자리에 들 때까지 자신의 모든 일거수일투족에 따른 잡다한 임무를 귀족과 궁정 신하들에게 부여했다. 아울러 맡은 일을 할 때 귀족들이 어떤 옷을 입고 어느 자리에서 어떤 몸짓으로 할지를 세세하게 명시해 에티켓으로 만들었다.

이 에티켓을 통해 왕을 알현하는 자리에 누가 먼저 입장하고 누가 가장 왕 가까이에 있는지, 누가 앉고 누가 서는지, 무슨 일을 하는지에 따라 궁중 서열이 고스란히 드러났다. 이는 귀족들 간의 경쟁심과 질투로 이어졌다. 먼저 입장한 사람은 다음 입장객들을 은근히 깔보고 나중에 들어와 하찮은 일을 해야 하는 이는 자존심을 구겨야 했다. 하지만 그 상황은 하루아침에 뒤집어지곤 했기에, 겉으론 우아하게 웃고 속으론 이를 박박 갈면서도 왕의 눈밖에 벗어나지 않으려는 귀족들의 하루하루는 그야말로 살얼음판이었다. 심지어 왕의 세수수건 담당, 왕의 변기 담당, 취침베개 정리 담당 자리를 얻기 위해 적지 않은 뒷돈을 쓰기까지 했다.

루이 14세는 왜 이토록 사소한 것까지 까다롭게 규정한 에티켓을 고집한 걸까? 어린 시절, 귀족들의 반란인 '프롱드의 난'을 겪으며 목숨까지 위협받았던 그는 왕실의 권위가 땅에 떨어진 때의 상황을 뼈저리게 체험하면서 기필코 왕권을 강화하리라 다짐했다. 파리에 정나미가 떨어진 루이 14세는 그 방편으로 베르사유 궁으로 옮긴 후 지방의 내로라하는 귀족들 모두를 자신의 가시권 안에 불러들였다. 이것이 귀족들이 자신들의 영지에서 세력을 키워 딴맘을 품지 못하도록 코앞에서 감시하는 '하드웨어'였다면 치밀하게 명시된 궁정 에티켓은 왕의 총애를 얻기 위해 귀족들로 하여금 알아서 기게 만드는 계산된 '소프트웨어'였던 것이다.

바로크 건축의 진수를 보여주는 베르사유 궁전 안에 들어서면 가장

먼저 마주하게 되는 곳이 왕실 예배당이다. 현란한 벽화와 황금빛 조각상들로 도배된 이곳은 예배당이라 하기엔 너무나 화려한 모습이다. 이곳은 루이 16세와 마리 앙투아네트의 결혼식이 거행된 곳으로도 유명하다. 2층으로 구성된 예배당 또한 궁정 에티켓에 의해 자리가 배정되었고 왕은 언제나 2층 특별석에 앉았다. 이곳에서 루이 14세는 매일 아침 미사가 열릴 때마다 선 채로 미사에 참여해야 했던 아래층 귀족들을 굽어보았을 터다.

예배당을 지나 2층으로 올라가면 이름도 분위기도 제각각이자 화려하기 그지없는 방들이 줄줄이 이어진다. 이 중 가장 유명한 방은 바닥에서 천장까지 이어진 거대한 거울 17개가 한쪽 벽면을 가득 메운 모습이 이색적인 '거울의 방'이다. 요즘이야 이만한 거울로 도배하는 게 대수로운 일이 아니지만 건축 당시 가장 애를 먹은 방이 바로 거울의 방

이다. 그도 그럴 것이 귀하디귀했던 그 시절의 거울은 베네치아가 최고 생산지였다. 때문에 베네치아 당국은 유럽 각국이 탐내는 기술 유출을 막기 위해 유리 기술자들을 본토에서 떨어진 무라노 섬으로 강제 이주시켰다. 이에 루이 14세는 거액의 뇌물을 지참한 산업스파이를 보내 몇몇 기술자들을 빼돌리는 데 성공했으나 베네치아 자객에 의해 그들 모두가 살해되는 바람에 어쩔 수 없이 수입 과정을 거쳐야 했다. 그렇게 들여온 거울값은 어마어마했다. 항간에선 거울 한쪽이 웬만한 주택값으로, 17장의 거울은 곧 집 17채란 말이 나돌 정도였다.

이 밖에도 건물 중앙에 꾸며진 '루이 14세 방'을 비롯해 꽃무늬로 장식된 왕비의 침실까지 구석구석 엿볼 수 있는 베르사유 궁전은 길이가 무려 680미터나 되는 규모를 자랑한다. 그런데 놀라운 건 이 거대한 궁전 내부에 화장실이 없다는 것이다. 왕은 시종이 들고 다니는 그릇에 볼일을 보았고 귀족들은 정원 곳곳에서 재주껏 해결했다니 예나 지금이나 프랑스는 화장실 때문에 애를 먹는 건 여전하다. 프랑스에서 향수 산업이 발달하게 된 데는 이런 연유도 있다.

어쨌거나 절대왕정의 산물인 베르사유 궁전은 3대에 걸쳐 화려한 사치를 일삼다 프랑스 혁명을 낳아 손상을 입기도 했지만 그 위용은 지금도 여전하다. 또한 1979년 유네스코 세계문화유산으로 지정되면서 엄청난 관광 수익을 올리고 있다.

모든 것을 가진 왕의 복잡한 사랑과 인생

루이 14세는 프랑스 역사상 재위 기간1643~1715이 가장 길고 강했던 '왕

중의 왕'이다. 1638년생인 루이 14세는 세상에 나오는 순간부터 '귀하신 몸'이었다. 그도 그럴 것이 아버지 루이 13세와 어머니 안 도트리슈가 결혼 23년 만에 얻은 귀한 왕자였기 때문이다. 하지만 루이 13세가 아들의 재롱도 제대로 못 보고 세상을 떠나는 바람에 이제 겨우 5살 된 아이가 왕위에 오르게 된다. 아무것도 모르는 어린 아들 대신 어머니가 섭정을 맡긴 했지만 그녀 역시 나랏일을 모르긴 마찬가지였다. 그녀가 믿는 구석은 오직 이탈리아 출신의 재상 마자랭이었다.

사실상의 왕권을 거머쥔 마자랭은 자신을 총애하는 왕실을 강화하기 위해 귀족의 특권을 줄이는 정책을 펴나갔다. 그러자 파리고등법원을 중심으로 한 관료귀족들의 반발이 거세지면서 마침내 1648년, 계속된 전쟁으로 피폐해진 시민들과 합세한 귀족들의 반란이 일어났다. 이것이 곧 '프롱드의 난'이다. 반란의 기세가 점점 확대되자 마자랭은 외국으로 도망쳤고 어린 나이에 허수아비 왕이 된 루이 14세 또한 영문도 모른 채 어머니와 함께 이리저리 쫓기는 신세가 되었다. 그 와중에 몇 번은 죽을 고비도 넘었다.

프롱드의 난은 그렇게 성공하는 듯 보였지만 1653년에 실패로 끝나고 만다. 그들의 실패는 왕실의 힘에 의한 것이 아니었다. 이런 귀족 저런 귀족에 시민들까지 합세한 반란은 성공을 눈앞에 두고 서로간의 이권 다툼으로 분열되며 자멸했다. 그로 인해 지방을 전전하던 루이 14세는 5년 만에 파리로 돌아올 수 있었다. 마자랭도 이듬해 돌아와 여전히 프랑스를 좌지우지했다.

그렇게 20년 가까운 세월 동안 왕 노릇을 하던 마자랭이 1661년에

죽자 루이 14세는 비로소 진정한 왕으로 등극하게 된다. 루이 14세는 마자랭이 키운 대신들을 불러놓고 선포했다.

"짐은 이제부터 남에게 일을 맡기는 게으른 왕이 되지 않겠노라!"

이때만 해도 대신들은 스물셋 풋내기 젊은 왕의 치기 어린 엄포라 여기며 비웃음을 삼켰다.

그러나 옛날 귀족들의 반란을 결코 잊지 않았던 루이 14세는 귀족들의 힘을 빼는 절차를 신속하게 수행했다. 사사건건 법으로 왕의 발목을 잡았던 파리고등법원의 권한을 대폭 축소시켜 허울뿐인 기관으로 만들었는가 하면 재상제도를 폐지하고 '내 말이 곧 법'임을 명시해 귀족들의 정치 참여를 철저하게 배제시켰다. 또한 콜베르를 총리로 기용해 나라 살림까지 제법 빵빵하게 키운 루이 14세는 누구도 넘보지 못할 절대권력자가 되었다.

사랑한다면 파리

모든 것을 쥐고 흔든 왕의 사랑은 어땠을까? 할아버지 앙리 4세만큼은 아니지만 루이 14세도 만만찮은 바람둥이였다. 그의 첫사랑은 마자랭의 조카 마리 만치니다. 풋풋하고 당찼던 그녀는 이제 막 사춘기를 벗어난 왕의 마음을 단번에 사로잡았다. 그녀 또한 자신의 감정을 숨기지 않고 왕과 당돌한 사랑을 나누었다. 하지만 이 청춘남녀의 불타는 열정에 찬물을 끼얹은 이는 바로 마리의 삼촌 마자랭이었다. 마리를 사랑한 왕은 그녀와 결혼하길 원했지만 마자랭은 왕비가 될 신분이 아니라는 이유로 한사코 말렸다. 두 사람은 쉽사리 사랑을 포기하지 않았지만, 당시 실질적 권력을 지닌 마자랭의 단호한 반대를 당해낼 재간이 없었다.

대신 마자랭은 왕에게 스페인 공주와 결혼할 것을 강요했다. 당시 왕의 결혼이란 단순히 개인의 사랑이 아닌, 이해관계에 따른 국가 간의 계약이었기 때문이다. 그런 상황에서 스페인 공주와 경쟁하기에 마리의 신

분은 너무나 초라했다. 결국 삼촌의 권유로 가족과 함께 이탈리아에서 파리로 온 마리는 다시금 삼촌의 강요로 이탈리아로 돌아가야만 했다.

그렇게 해서 1660년, 루이 14세는 스페인 공주 마리 테레즈와 결혼식을 올렸다. 그러나 사랑을 이루지 못하고 이탈리아로 떠나야 했던 여인의 저주 때문일까? 두 사람의 결혼 생활은 내내 우울했다. 첫사랑의 상처가 아물지 않은 루이 14세에게 있어 왕비는 예쁜 얼굴도, 취향에 맞는 스타일도 아니었다. 게다가 어리숙한 그녀는 왕비로서의 기품도 없는 데다 프랑스어를 몰랐기에 대화에 끼어들지도 못했다.

루이 14세는 답답한 왕비를 제쳐두고 슬슬 바람을 피기 시작했다. 왕비가 임신한 상태에서 눈이 맞은 여인은 다름 아닌 친동생의 아내이자 사촌지간인 앙리에트 안 당글테르였다. 이 은밀한 만남은 아무래도 횟수가 잦아지면서 입소문이 돌기 시작했다. 왕이 다른 이도 아닌 '제수씨'와 놀아난다는 건 그야말로 콩가루 집안임을 여실히 드러내는 것이었기에 앙리에트는 소문을 잠재우기 위해 자신의 시녀를 방패막이로 내세웠다.

그녀가 '집안 스캔들'을 가리기 위해 내세운 루이즈 드 라 발리에르는 다리를 약간 절뚝이긴 했지만 '우윳빛깔' 피부에 청순한 미모를 지닌 여성이었다. 그러자 루이 14세는 루이즈의 매력에 빠져 이젠 앙리에트를 제쳐두고 그녀에게 사랑을 갈아탔다. 왕의 사랑을 받게 된 루이즈는 공공연한 왕의 여인이 되었다.

이 사실을 모르는 사람은 오직 임신한 왕비뿐이었다. 태아를 염려한 시어머니가 왕비에게만큼은 철저하게 비밀을 지키란 명령을 내렸기 때문이다. 그러나 본의 아니게 왕의 애첩이 된 루이즈는 본디 심성이 고운 여성이었다. 왕의 사랑을 받으며 아이를 둘씩이나 낳은 그녀지만 왕비에 대한 자책감을 못 이겨 수도원으로 들어가 평생 속죄하며 살다 1710년 66세로 눈을 감았다.

루이즈가 자신의 부적절한 사랑을 뉘우치며 살다 간 뒤에도 루이 14세의 불륜은 그칠 줄을 몰랐다. 왕의 다음 사랑은 몽테스팡 부인이다. 1663년 스물둘 나이에 몽테스팡 후작과 결혼한 그녀는 이듬해 왕비의 시종이 되면서 궁전으로 들어왔다. 자신의 미모에 자신감이 넘쳤던 그녀는 당시 왕의 애첩이던 루이즈에게 접근해 친분을 쌓으며 왕의 주위를 맴돌았다. 차츰차츰 왕의 눈에 들기 시작한 그녀는 결국 루이즈가 수도원으로 떠난 지 얼마 안 된 1667년 즈음 마침내 왕의 여인이 되는 데 성공한다.

몽테스팡 부인은 루이즈와 달리 질투심도 많고 영악한 스타일이었다. 아둔한 왕비를 은근히 무시했던 그녀는 왕의 총애를 바탕으로 10여 년 동안 실질적인 왕비 역할을 수행했다. 루이 14세는 각국 대사들과의 공식만찬 석상에 그녀를 대동했고 출중한 미모에 여우 같은 기질이 다분한 그녀는 왕의 기대에 어긋남 없이 특유의 친화력으로 대사들을 사로잡곤 했다.

하지만 그렇게 기고만장한 그녀에게도 서서히 내리막길이 보이기 시작했다. 당시 프랑스에는 독약을 제조하고 사람을 해하는 마법 의식을 치렀다며 마녀로 몰려 처참하게 처형된 라부아쟁라는 점쟁이가 있었다. 그 딸이 앙심을 품고 주요 고객이던 귀족층 부인들을 몽땅 고발했

는데, 그 안에 몽테스팡 부인도 들어 있었다. 이를 계기로 루이 14세는 그녀에게서 점점 멀어져갔다. 왕의 눈 밖에 난 그녀는 베르사유 궁전의 구석방에서 지내다 1691년에 수도원으로 옮긴 후 1707년 봄에 세상을 떠났다. 루이 14세의 명으로 자녀들은 어머니 장례식에 참석하지도 못했으니 그녀의 마지막은 너무나 쓸쓸하고 초라했다.

몽테스팡 부인이 그런 죽음을 맞게 된 건 결국 질투심 때문이라 할 수 있는데, 그녀의 질투심에 불을 지핀 여인은 하나도 아닌 둘이었다.

사랑한다면 파리

그 첫 번째 여인은 맹트농 부인이다. 그녀의 본명은 프랑수아즈 도비네. 어려서 부모를 잃고 친척집을 전전하며 살던 그녀는 열일곱 꽃다운 나이에 25살 연상의 아버지 같은 남자와 결혼했다. 그것도 관절염으로 앉은뱅이 신세가 된 그녀의 남편은 당대를 대표했던 유명작가 폴 스카롱이다.

하지만 그녀의 결혼 생활은 늙은 남편이 세상을 떠나면서 8년 만에 끝이 났고, 이후 루이 14세와 몽테스팡 부인 사이에 태어난 아이들의 가정교사가 된다. 사려 깊고 자상하게 아이들을 돌보는 가정교사를 눈여겨본 왕은 그 노고를 치하하며 1675년에 맹트농 후작부인이란 지위를 안거주었다. 그때까지만 해도 그리 예쁘지도 않고 왕보다 3살이나 많은 그녀가 왕의 여자가 되리라곤 아무도 짐작하지 못했다. 그러나 시간이 지나면서 루이 14세는 그녀의 지적인 매력에 빠져들었고 둘 사이에 아이까지 생겼다.

그즈음 루이 14세는 새파랗게 어린 여인과도 바람을 피웠다. 왕의 두번째 제수씨인 라 팔라틴 공주의 시녀로 궁정에 발을 들인 앙젤리크 드퐁탕주였다. 루이 14세보다 23살이나 어린 그녀는 맹트농 부인과 달리싱싱한 젊음과 미모로 궁에 들어오자마자 왕의 눈에 들면서 총애를 받았다. 왕은 그녀에게도 퐁탕주 공작부인이란 칭호를 하사했다.

몽테스팡 부인이 점쟁이 라부아쟁을 찾기 시작한 건 이렇듯 왕의 마음이 다른 여인들에게 쏠리면서부터다. 그 와중에 퐁탕주가 1681년, 스무 살 젊은 나이에 갑작스럽게 죽자 의심의 눈초리를 받던 그녀는 결국 왕에게 버림받은 여인이 되고 말았다.

몽테스팡 부인이 질투심에 못 이겨 화를 자초했을 때 정작 왕비의 심정은 어땠을까? 시어머니의 함구령으로 초반엔 남편의 외도를 몰랐다 쳐도 숨기지 못하는 게 사랑이라고, 동시에 첩을 셋씩이나 둔 남편의 행태를 모를 바보는 없다. 자신이 나가야 할 자리에 다른 여인이 버젓이 나설 만큼 허울뿐인 왕비가 된 그녀의 속내가 오죽했으랴. 그나마 자신을 다독이던 시어머니마저 죽은 후 그녀는 더욱 의기소침해져 자신의 방에 틀어박혀 지내는 투명인간이 되었다.

게다가 그녀가 낳은 6명의 자녀 중 어른이 될 때까지 살아남은 자식은 오직 맏아들뿐이었다. 유럽 왕실에 만연했던 근친결혼으로 인한 신체적 결함 때문이다. 자식을 줄줄이 앞세워 보낸 엄마의 상심 또한 말해 뭐하랴. 평생 우울하게 살던 그녀는 종양이 악화되어 1683년에 눈을 감았다. 임종 직전에 그녀는 이런 말을 남겼단다. "왕비가 된 이래 오직 단 하루만 행복했었노라"고. 과연 그 날이 언제였을까? 부푼 꿈을 안고 결혼식을 올리던 날이었을까? 아님 밖으로만 돌던 남편이 잠시나마 돌아와 임종을 지켜보던 날이었을까.

흔히 배우자가 죽었을 때 장례식장 앞에선 울고 뒤에선 웃는다는 우스갯소리를 하곤 한다. 그러고 보면 루이 14세가 딱 그 짝인 것 같기도 하다. 왕비가 죽었을 때 "그대가 처음으로 나를 슬프게 하는구려"라며 슬퍼했다는 루이 14세는 아내가 죽은 지 불과 3개월 만에, 그것도 한밤중에 맹트농 부인과 비밀리에 결혼식을 올렸다.

그러나 장장 72년이나 통치하며 하늘처럼 떠받들어지던 태양왕의 말

년은 그리 행복하지 않았다. 그 어떤 태양도 때가 되면 지는 법. 너무나 심한 사치를 부렸고 너무나 많은 전쟁을 벌여 백성들을 파탄에 이르게 한 왕의 위신은 바닥으로 곤두박질쳤다. 위신뿐만 아니라 건강도 급격하게 무너졌다.

루이 14세는 키가 150센티미터 될까 말까 한 작은 남자였다. 그 단점을 가리기 위해 늘 뒤꿈치를 올린 구두를 신었는데 그게 오늘날 하이힐의 시초다. 그렇게 작은 체구임에도 식탐이 많았거니와 대식가였다. 그로 인해 늘 만성 소화불량에 시달렸고 평생 목욕을 거의 안 하고 살았던 생활은 치질의 고통을 안겨주었다. 왕은 물론 귀족들 모두가 목욕을 잘 하지 않았던 건 유럽을 휩쓴 공포의 흑사병과 각종 전염병의 원인이 물이라 여겼던 탓이다.

앉으나 서나 편치 않은 상황에 요상한 건강철학은 그를 더욱 괴롭혔다. 당시 중년에 접어든 사람들은 치아가 없는 경우가 많았다. 자연스럽게 빠져서가 아니라 생니를 뽑아서다. 이것은 치아는 만병의 근원이기에 이가 성할 때 모조리 뽑아버리는 게 상책이라 여겼던 당시 풍조에서 비롯됐다. 루이 14세 또한 멀쩡한 이를 주치의가 몽땅 뽑아버렸다. 이가 아닌 잇몸으로 음식을 대충 씹어 삼키니 소화불량은 더 심해졌고, 그것 때문에 의사들이 처방한 다량의 설사약은 시도 때도 없는 설사병을 불러왔다. 그럼에도 77세까지 살았으니 당시로선 보기 드물게 장수한 셈이다.

말년 내내 이런저런 지병의 고통과 씨름하다 죽음을 앞둔 그는 다섯 살배기 증손자인 루이 15세를 불러 이런 유언을 남겼다. "너는 나의 잘

못된 전철을 밟지 말라. 사치를 부려서도 안 되고 전쟁을 좋아해서도 안 된다. 백성들의 고통을 덜어주는 군주가 되어야 한다. 아쉽게도 나는 그렇게 하지 못했단다." 아울러 "짐은 이제 죽는다. 그러나 국가는 영원하리라"는 마지막 말을 남기고 1715년 9월 1일 아침, 태양왕 루이 14세는 태양이 사그라지듯 이 세상에서 사라졌다.

하지만 태양왕이 죽음의 문턱에서 깨달은 진실을 깨닫지 못한 루이 15세 또한 사치스러운 생활에 숱한 전쟁을 벌이며 프랑스 혁명의 불씨를 키웠다. 그래도 루이 14세가 말했듯 프랑스는 지금도 건재하고 그가 남긴 베르사유 궁전은 여전히 화려한 모습으로 언제나 그 자리를 지키고 있다.

Auvers Sur Oise
고흐가 살다 간 마을, 오베르 쉬르 우아즈

파리 북서쪽 근교에는 오베르 쉬르 우아즈란 작은 마을이 있다. 우리에겐 다소 생소하지만 유럽인들에겐 꽤 인기 있는 마을이다. 딱히 볼 것 없어 보이는 이 작은 마을로 사람들을 불러들이는 장본인은 바로 빈센트 반 고흐다. 우리나라 사람들이 가장 좋아한다는 화가요, 전 세계인이 열광하는 고흐가 삶의 끝자락인 마지막 두 달 남짓을 살다가 생을 마감한 곳이기 때문이다.

조용필의 노래 〈킬리만자로의 표범〉에는 이런 가사가 나온다. '나보다 더 불행하게 살다 간 고흐란 사나이도 있었는데…'라는. 그랬다. 고흐와는 아무 상관도 없는 우리나라 가요에까지 등장할 만큼 고흐는 살아생전 너무나 불행한 사나이였다.

1853년 봄날 네덜란드의 작은 마을에서 가난한 목사의 아들로 태어난 고흐빈센트는 1년 전 같은 날에 태어나자마자 죽은 형의 이름을 물려받은 것이다는 어려운 가정 형편으로 학업을 중단하고 16살 때부터 수년 동안 화랑 점원 생활을 전전했다. 하지만 그의 예민하고 비사교적인 성격은 고객은 물론 동료 직원들과 잦은 마찰을 일으켜 해고를 당하고 만다. 그즈음 신학에 몰두해 벨기에 탄광의 전도사로 부임하기도 했지만 역시나 주변 사람들과의 불화로 그만두게 된다.

고흐가 그림에 눈을 돌리기 시작한 건 전도사를 그만두고부터다. 스물일곱 무렵, 화가가 되기로 결심한 고흐는 틈틈이 스케치를 하고 수채화를 그렸다. 농민들을 사랑했던 고흐는 '농부 화가'의 대가였던 장 프랑수아 밀레를 존경했고, 그 영향을 받아 소박하지만 강인한 농민들의 삶을 그려나갔다. 그 결과물 중 하나가 〈감자 먹는 사람들〉이다. 희미한 전등 불빛 아래 감자를 먹는 사람들의 거칠고 투박한 손이 유독 두드러져 보이는 건 흙냄새, 거름냄새가 배었을 그 손으로 정직하게 땀 흘려 얻어낸 것들을 먹는 이들을 표현하고 싶어서인지도 모른다.

〈감자 먹는 사람들〉을 그린 이듬해인 1886년 3월, 고흐는 동생 테오가 있는 파리로 들어와 몽마르트르에 둥지를 튼다. 파리는 인상파 화가들을 만나게 해주고 그림에 새로운 눈을 뜨게 해주었지만 독한 압생트와 담배에 찌든 생활은 그의 심신을 망가뜨렸다. 따뜻한 수프 한 접시도 먹을 수 없을 만큼 가난했던 그에게 그나마 허기를 잊게 해주는 건 싸구려 술인 독한 압생트 한 모금뿐이었다. 화가들과의 교류도 원만치 못하고 고달픈 생활에 지친 고흐는 불과 2년도 채우지 못하고 파리 생활을 접게 된다.

1888년 2월, 프랑스 남부의 아를로 거처를 옮긴 고흐는 오로지 그림에만 열중했다. 그 유명한 〈해바라기〉도 이곳에서 그린 작품이다. 파리와 달리 아를의 따사로운 기운이 위로가 되긴 했지만 이렇다 할 대화

상대도 없던 그는 외톨이 신세였다. 그 외로움을 달래기 위해 화가 공동체를 꿈꾸며 고갱을 불러들였고 딱히 갈 곳 없는 처지였던 고갱도 제안을 받아들여 아를로 내려왔다. 그러나 고갱과 함께한 아를에서의 삶은 행복이자 불행의 시초였다.

함께 먹고 자고 함께 그림 그리며 하루하루를 보내는 삶은 서로에게 행복이었다. 고흐 살아생전 유일하게 팔린 유화 그림 〈붉은 포도밭〉도 이때 그려진 것이다. 하지만 한 지붕 밑에서 한솥밥을 먹고 살다 보면 때론 가족도 갈등을 빚게 마련이다. 하물며 남남지간이야. 더군다나 두 사람은 사고방식이나 생활방식이 달라도 너무 다른 스타일이었다. 돈키호테 같은 고갱과 햄릿 같은 고흐의 동거는 이내 삐걱대면서 1888년 크리스마스이브를 하루 앞둔 저녁에 불행의 씨를 뿌리고야 만다.

흔히 부부싸움이 그렇듯 싸움의 시작은 아주 사소했다. 예술에 대한 견해 차이를 보이던 그들은 상대방을 인정하기보다 비난하는 말다툼을 하다가 급기야 인신모독을 가하는 지경에 이르렀다. 격렬한 다툼 끝에 고갱이 집을 나가버리자 홀로 남은 고흐는 자신의 오른쪽 귀를 면도칼로 도려내고선 신문지에 둘둘 말아 들고 나가 평소 알고 지내던 창녀에게 건네주었다. 이 사건은 이튿날 아를의 신문에 실렸고 3일 뒤엔 파리까지 날아가 한 일간지에 '프로방스 엽기 사건'으로 대서특필되었다. 살아생전 고흐의 이름이 세상에 등장한 건 이렇듯 화가로서가 아닌 엽기적인 사건의 주인공으로서였다.

자신에 대한 고흐의 집착이 부담스러웠던 고갱은 고흐의 섬뜩한 자해를 계기로 아를을 떠났고, 동거는 2달 만에 깨지고 말았다. 하긴, 말다툼 끝에 분을 못 이겨 귀를 자르는 친구를 보면 나 같아도 섬뜩하긴 했을 거다. 근데 왜 하필 귀였을까? 한쪽 귀로 듣고 싶은 것만 듣고 싶어서였을까. 어쩌면 자신이 가장 두려웠던 외로움을 안겨주는 '이별'이라는, 고갱의 냉정한 말을 들어야 했던 귀가 저주스러워서였는지도 모른다.

고갱이 떠난 뒤 병원에서 치료를 받고 나온 고흐는 이미 '미친놈'으로 낙인이 찍혀 주민들의 진정에 의해 한동안 자신의 방에 갇히는 신세가 되었다. 그 와중에 평소 앓던 간질 발작과 환각 증세가 거듭되자 1889년 5월 고흐는 스스로 생레미에 있는 정신병원으로 들어간다. 정신병자로 들끓는 열악한 환경의 병원은 지옥이나 다름없었지만 그나마 살 수 있었던 건 그림 때문이었다. 고흐 일생을 통해 가장 많은 그림이 이곳에서 나왔다 할 만큼 끊임없이 그려댄 작품 중 대표적인 것이 〈별이 빛나는 밤〉이다.

그러나 결국 정신병원 생활을 견디지 못한 고흐는 동생 테오의 도움으로 정신과 의사인 폴 가셰가 사는 마을로 옮기게 된다. 그곳이 바로 오베르 쉬르 우아즈다. 고흐가 이 마을로 들어온 건 1890년 5월 20일. 가셰 박사의 도움으로 조금씩 건강을 회복한 고흐는 하루도 빠짐없이 화구를 챙겨 들고 마을 곳곳을 누비며 그림을 그렸다. 오베르 성당과 시청, 골목길과 계단 등 마을 곳곳이 고스란히 그의 화폭 속으로 빨려 들어갔고 그 안에는 가셰 박사의 얼굴도 포함되었다.

그렇게 안정을 찾는 듯했으나 그해 7월 27일 오후, 밀밭에서 울려 퍼진 한 발의 총성으로 그의 삶은 끝자락으로 치달았다. 총상으로 피범벅이 된 고흐는 간신히 하숙집으로 돌아올 수 있었고, 소식을 듣고 달려온 동생 품에 안겨 "이 모든 것이 끝났으면 좋겠다"라는 말을 남기고 삶의 끝을 내려놓았다. 사고 이틀 뒤인 29일 새벽의 일이었다. 고독하고 고달팠던 고흐의 서른일곱 짧은 삶은 죽는 순간까지도 그토록 극적이었다.

고흐의 마지막 그림은 권총 자살을 시도하기 사흘 전에 그린 〈까마귀 나는 밀밭〉이다. 노르스름한 밀밭 위 짙푸른 하늘로 까마귀 떼가 날아오르는 모습을 담은 그림이었다. 아마 그날도, 그를 죽음으로 이끈 총소리에 놀란 까마귀들이 그렇게 날아올랐을 터다. 그렇다면 그의 마지막 그림은 본의 아니게 자신의 죽음을 예고한 '유언화'가 되고 만 것이다. 자살자란 이유로 장례미사를 베풀지 않았기에 그의 관은 살아서처럼 너무나 초라하게 옮겨져 마을 공동묘지에 바로 매장됐다.

사랑한다면 파리

스스로 총을 쐈다는 고흐의 말에 사람들은 그저 정신병을 앓던 그가 동생에게 더 이상 짐이 되고 싶지 않아 그랬으려니 했다. 그러나 오랜 시간이 흐른 2011년 즈음, 유명작가 두 사람이 10년에 걸친 연구 끝에 출간한《Van Gogh, The Life우리말 번역본은 '화가 반 고흐 이전의 판 호흐'》에서는 고흐가 당시 불량 총을 가지고 놀던 두 소년이 우발적으로 쏜 총에 맞아 사망했을 가능성이 높다는 의견을 제시했다. 정신병을 앓은 고흐가 총을 구하기 쉽지 않았을 뿐만 아니라 문제의 총은 발견되지도 않았고, 사고 전날 평소보다 많은 물감을 주문한 걸 보면 적어도 전날까지 자살할 의도가 없어 보인다는 것이 이들이 내세운 근거 중 하나다. 그들은 고흐가 소년들의 장래를 위해 스스로 총을 쐈다고 했을 거라 추론하고 있다. 자살인지 타살인지, 그 죽음은 오로지 고흐만이 알 뿐이다. 고흐는 가고 없는데… 이제 와서 이러쿵저러쿵 해봐야 무슨 소용이랴.

고흐가 사랑했던 사람들

세상에는 이런저런 형제도 많지만 고흐 형제만큼 각별하고 돈독한 형제가 또 있을까? '형만 한 아우 없다'지만 우애를 따지자면 나로선 동생을 아낀 고흐보다 형을 아끼고 사랑한 테오에게 더한 박수를 보내고 싶다. 사실 고흐가 지금의 그림을 남길 수 있었던 것도 다분히 동생 테오 덕이 컸다는 생각이 든다. 고흐가 화가의 길로 들어서면서부터 죽을 때까지 그의 경제적 짐 일체를 지고 산 이는 고흐 자신이 아니라 파리에서 그림 판매상으로 일하던 동생 테오였다.

그런 동생에게 고마움과 미안함을 담아 보낸 668통의 편지가 있었기에 불현듯 죽은 고흐의 그림에 대한 열정과 지극히 인간적인 면모를 생생하게 엿볼 수 있으니 테오가 더더욱 고맙다. 하지만 테오에게 보낸 고흐의 편지들을 읽어 내려가다 가슴이 먹먹해진 게 한두 번이 아니었다. 4살 아래 동생에게 늘 신세를 져야 했던 고흐는 자신의 그림이 팔려 동생에게 보탬이 되고 싶어 했다.

"매일 수채화 그리는 법을 익히고 있어. 이제 그림을 팔 수 있는 수준이 되는 것도 그리 멀지 않았다. 분명 언젠가는 내 그림이 팔릴 게다. 내 안에 어떤 힘이 있는 걸 느낀다"라며 열의를 보였지만 야속하게도 그림은 팔리지 않았다.

아무리 애써도 팔리지 않는 그림에 초조해진 고흐는 편지에 이런 말도 남겼다. "이제는 제발 솔직하게 말해다오. 왜 내 그림은 팔리지 않을까. 어떻게 해야 그림을 팔 수 있을까. 돈을 좀 벌었으면 좋겠다."

한마디 한마디가 가슴 저리고 먹먹하다. 그럴 때마다 테오는 "형은 분명 살아 있을 때 성공을 거둘 거야"라며 용기를 북돋는 편지와 함께 걱정하지 말고 그림에만 전념하라며 다달이 용돈을 부쳤다. 그런 동생에게 고흐는 "나를 먹여 살리느라 너는 늘 가난하게 지냈겠지. 네가 보내준 돈은 꼭 갚겠다. 안 되면 내 영혼을 주겠다"라고 동생에 대한 미안함을 표현했다.

그림이 팔리지 않으니 고흐로선 돈을 덜 쓰는 게 동생을 도와주는 유일한 방법이었다. 비싼 유화물감을 감당하기 어려워 데생에 전념할까도 싶었지만 이는 테오의 만류로 접었다. 고흐는 자화상을 많이 그린 화가로도 유명하다. 심지어 귀를 자른 뒤 붕대로 친친 감은 자화상도

있다. 고흐의 자화상이 40여 점이나 되는 건 돈 때문이다. "내가 정말로 하고 싶은 건 초상화를 그리는 것"이라던 고흐는 자신 외에 그릴 사람이 거의 없었다. 모델료를 줄 형편이 못 됐던 그는 종종 빈민을 위한 무료 식당이나 3등 열차 대합실 같은 곳에 가서 스케치를 했다. 그나마 그릴 수 있었던 다른 이의 초상화는 아를에 머물던 시절, 동네 사람 대부분이 미치광이로 몰아 감금했을 때 끝까지 그를 돌봐주었던 우체부 룰랭과 그의 아내, 자식이었고 가셰 박사와 그의 딸, 그리고 창녀 시엔 정도였다.

돈도 너무나 궁했지만 고흐는 사랑도 너무나 가난했던 남자다. 화랑 점원으로 일하던 스무 살 무렵 첫사랑을 품었던 하숙집 딸에게 구혼했다가 싸늘하게 거절당하고 말았다. 또 화랑 점원도, 탄광 전도사도 접고 고향으로 돌아왔을 때에는 미망인이 된 사촌 케이에게 연정을 느껴 구혼했지만 이 또한 케이의 단호한 거절로 상처를 입는다. 이로 인해 고흐는 가족, 친척들과 심각한 갈등을 빚었다.

모든 것이 답답하기만 했던 고흐는 무언가 변화를 주기 위해서라도 여자와 함께 있었으면 좋겠다는 뜻을 간절히 내비쳤다. "나는 사랑하는 여자 없이 살 수 없는 사람이다. 나도 열정을 가진 남자이기에 여자가 있어야 한다"던 고흐의 열망대로 사랑이 찾아오긴 했다. 밀레의 영향을 받아 헤이그에서 한창 농부들의 생활상을 그릴 당시 만난 시엔. 그녀는 매춘부에 매독 환자였다.

겨울 어느 날, 병색이 짙은 데다 임신으로 배가 불룩해진 상태로 길을 헤매는 여인을 매정하게 지나칠 수 없었던 고흐는 그녀를 집으로 들였다. 고흐의 보살핌을 받은 그녀 또한 외로운 고흐를 위로하고 모델도 되어주었다. 그녀와의 만남을 고흐는 동생에게 이렇게 얘기했다. "그녀도 나도 불행한 사람이지. 그래서 함께 지내며 서로의 짐을 나누어 지고 있다"고. 번번이 사랑에 실패한 고흐는 그녀가 자신에게 찾아온 유일한 사랑이라 생각했다. 고흐에게 이제 그녀는 없어서는 안 될 존재였기에, 형편이 풀리는 대로 결혼할 것을 다짐했다. 그것이 서로를 돕는 유일한 길이기 때문이다. 하지만 이를 두고 동료 화가는 그를 타락했다고 비난했고, 가족 또한 그녀와의 결혼을 극구 반대하면서 다시금 가족과 금이 갔다.

이후 고흐는 모든 자괴감을 떨치고 서른한 살 무렵에 만난 10년 연상의 여인과 결혼하려 했지만 이번에는 그녀 가족의 반대로 실패했다. 그랬던 고흐의 마지막 사랑은 가셰 박사의 딸, 스물한 살 처녀 마르그리트였다. 하지만 이 사랑도 불발로 끝났다. 예술을 논하며 고흐의 정신적 친구가 되어주던 가셰도 고흐를 사위로 맞는 건 탐탁지 않았던 모양이다. 서로에게 끌린 두 사람이 가까이 지내는 걸 허락할 수 없었던 가셰는 냉정하게 돌변해 딸을 고흐로부터 강제로 떼어냈다.

죽기 한 달 전 즈음 고흐가 어머니에게 보낸 편지엔 이런 말이 들어 있다. "저는 계속 고독하게 살아갈 것 같습니다. 가장 사랑했던 사람들도 망원경을 통해 희미하게 바라보는 수밖에는 달리 방법이 없습니다."

고흐가 총에 맞고 숨을 거두기까지는 꼬박 하루하고도 반나절의 시간이 걸렸다. 어쩌면 이는 누구보다 자신을 이해하며 뒷바라지해온 동

생 테오를 기다린 시간인지도 모른다. 그렇게 떠난 형의 죽음에 충격을 받은 테오 또한 형처럼 정신병을 앓다 결국 6개월 만에 형을 따라갔다. 형보다도 짧은 인생을 살다 간 테오와 고흐는 지금 오베르 쉬르 우아즈 마을의 공동묘지에 나란히 묻혀 있다. 살아생전 서로를 아끼며 *끈끈한* 정을 나누던 형제가 그 인연의 *끈*을 놓지 못하고 죽어서도 사이좋게 누워 있는 걸 보면 혹여나 전생에 연인이 아니었나 싶은 생각도 든다.

고흐의 그림 속 풍경을 거닐다

고흐의 마지막 숨결이 담긴 오베르 쉬르 우아즈는 두 시간 정도면 충분히 돌아볼 수 있을 만큼 작은 동네다. 마을에는 오베르 교회를 비롯해 시청사, 골목길과 계단, 밀밭 등 고흐의 손길이 스며든 그림을 보여주는 표지판이 곳곳에 세워져 있다. 그림 속 풍경을 보면 마을은 그때

나 지금이나 별로 변한 게 없어 보인다. 달라진 것이라면 이제 고흐는 없다는 것뿐. 대신 마을 초입의 작은 공원에 화구를 둘러맨 고흐의 조각상이 세워져 있다.

마을 안쪽으로 좀 더 들어가면 오베르 시청 앞에 고흐가 묵었던 여인숙도 보인다. 자살자가 나온 방은 세를 내주지 않는 관습에 의해 오랫동안 방치되었던 3층 다락방은 이제 그의 기념관으로 변신했다. 고흐가 머물던 당시 모습 그대로인 다락방은 그가 사용했던 침대와 의자만 덩그러니 놓인 초라한 모습이다.

고흐가 걸었을 골목길을 걷고, 조금은 편안해진 마음으로 화폭에 담았을 오베르 교회를 지나고, 그가 마지막으로 그린 밀밭을 지나 그가 묻혀 있는 묘지를 찾는 여정은 왠지 모르게 서글펐다. 변덕스런 날씨가 스산한 감정을 더욱 부추겼다. 파리에선 쨍했던 날씨가 마을에 도착할 즈음 꾸물꾸물하더니 이내 드리워진 먹구름이 제법 굵은 빗방울을 뿌려댔다. 갑작스런 비가 불편하긴 했지만 고흐의 삶을 떠올리면 화창한 날보다 이렇게 흐린 날이 더 어울릴 것 같다는 마음도 들었다. 야트막한 언덕 위에 있는 마을 공동묘지에 들어서니, 날씨 탓인지 방문객이 우리 외에 한 사람뿐이었다. 고흐와 테오의 무덤은 공동묘지 끝자락에 있었다. 두 형제는 묘지마저도 가난했다. 십자가도 없이 달랑 이름만 새겨진 초라한 무덤을 보니 더더욱 가슴이 짠했다.

항간에 떠도는 말에 의하면 고흐가 파리에서 머물던 시절, 몇 장의 그림을 고물상에 팔았지만 푼돈에 넘겨받은 고물상은 그림을 지우고 중고 캔버스로 팔았다고 한다. 또 아를에서 치료를 담당했던 의사는 고흐가 감사의 표시로 선물한 그림을 마지못해 받아선 창고에 처박아두 었다 닭장 문으로 사용했단다. 정신병원 의사에게 준 그림은 의사 아들 이 사격 연습용 과녁으로 썼다고도 한다. 그럼에도 "게으르게 앉아 아 무것도 하지 않으니 실패하는 쪽을 택하겠다"던 고흐는 생전에 800여 점에 달하는 유화를 남겼고 데생까지 포함하면 2,000점이 넘는다.

조금만 더 살았더라면… 조금만 더…. 그런 아쉬움이 남는 건 세상 이 비로소 그의 진가를 알아주기 시작할 무렵에 죽었기 때문이다. 그가 세상을 떠난 해인 1890년 1월, 〈붉은 포도밭〉은 다른 그림이나 당시 물 가를 생각하면 얼마 안 되는 400프랑에 팔렸지만 이를 계기로 동료 화 가들의 관심과 호평을 받으며 고흐란 화가를 세상에 알리는 발판이 되 었다. 그런데 불과 6개월 만에 그는 그렇게 떠나고 말았다.

"다른 사람들 눈에는 내가 어떻게 비칠까. 보잘것없는 사람, 괴벽스 러운 사람, 비위에 맞지 않는 사람…. 사회적 지위도 없고 앞으로도 어 떤 사회적 지위를 갖지 못할, 한마디로 최하 중의 최하급 사람…. 그래 좋다. 설령 그 말이 옳다 해도 언젠가는 내 작품을 통해 그런 기이한 사 람, 그런 보잘것없는 사람의 마음속에 무엇이 들어 있는지 보여주겠다. 그것이 나의 야망이다."

나는 그림에는 문외한이지만 꾹꾹 찍어 누른 짧고 거친 붓질로 토해 낸 고흐의 강렬한 그림 속엔 어딘가 모르게 쓸쓸함이 배어 있는 것 같 은 느낌이 든다. 반짝이는 별도 왠지 슬퍼 보인다. 그런 한편 꽃들은 꾸 물대고, 길과 집들은 꿈틀거리고, 하늘은 빙글빙글 돌고, 움직임 없는 자화상에도 뭔가 소용돌이치는 느낌이 감도는 고흐의 그림들을 보면

언제나 고뇌하며 살아 있음을 말하고 싶은 그의 마음이었는지도 모른다는 생각이 든다.

　고흐의 이런 야망과 노력으로 빚어진 작품들은 한 세기가 지난 지금 최고의 대접을 받는다. 생레미 정신병원에서 그린 〈붓꽃〉은 소더비 경매에서 3억 2,000만 프랑약 768억 원에 팔리면서 당시 세계에서 가장 비싼 그림으로 기록되었고, 자살하기 전에 그린 〈가셰 박사의 초상〉은 1990년 크리스티 경매에서 8,250만 달러에 낙찰되면서 그 기록을 갈아치웠다. 그렇게 돈에 목말라했던 고흐의 그림은 경매장에 나올 때마다 수백억 원에 팔려나간다. 또 전 세계 어느 미술전시관이든 가장 많은 사람이 모이는 곳은 고갱으로부터 '자기 앞가림도 못하고 동생의 피를 빨아먹는 인간 기생충'이란 소리까지 들었던 고흐의 그림 앞이다. 하지만 죽고 나서 극찬 받고 죽고 나서 수백억 원이 무슨 소용이랴. 살아생전 따뜻한 수프 한 모금 먹을 수 없었던 고흐를 생각하면 오히려 그 엄청난 가격이 더 야속하고 서글프다. 그리고 지금 이 순간에도 고흐 같은 이들은 분명 있을 터다.

　두어 시간이면 충분히 돌아볼 수 있는 이 작은 마을을 돌고 또 돌다 카페에 앉아 커피를 마시며 문득 'Starry, starry night…'으로 시작되는, 빈센트 반 고흐의 삶과 죽음을 노래한 돈 맥클린의 〈Vincent〉가 떠올랐다.

　별이 빛나는 밤, 팔레트에 푸른색과 회색을 칠해봐요.
　여름날 밖을 내다봐요. 내 영혼의 어둠을 알아주는 눈으로…

(중략)

이제는 이해해요. 당신이 무얼 말하려 했는지.

그리고 온전한 정신을 위해 얼마나 고통스러워했는지.

자유로워지려고 얼마나 노력했는지…

사람들은 들으려 하지 않았어요. 방법도 몰랐고요.

아마 이젠 들을 거예요.

(중략)

사람들은 당신을 사랑하지 않았지만 당신의 사랑은 진실했죠.

가슴속 어떤 희망도 남지 않았을 때

별이 빛나는 그 밤, 연인들이 종종 그랬듯 스스로 당신 삶을 놓았어요.

하지만 빈센트, 난 당신에게 말할 수 있어요.

이 세상은 당신처럼 아름다운 사람에게 어울리지 않는다고….

"별이 반짝이는 밤하늘은 늘 나를 꿈꾸게 한다"고 말했던 빈센트는 죽음은 별에게 걸어가는 것이라고 했다. 그렇다면 빈센트는 혹여 밤하늘의 별이 되진 않았을까. 돈 맥클린은 고흐를 이 세상과 어울리지 않는 사람이었다고 위로했지만 난 고흐에게 이렇게 말해주고 싶다. '아무도 알아주지 않았던 삶이었지만 빈센트, 부디 하늘의 별이 되어 이제 당신을 기억하고 사랑하는 이들이 이렇게나 많다는 걸 내려다보세요.' 라고.

Giverny 모네의 정원, 지베르니

오베르 쉬르 우아즈가 고흐의 마지막 숨결이 담긴 곳이라면 지베르니는 인상주의 창시자로 일컫는 클로드 모네의 마지막 흔적이 남아 있는 곳이다. 인생의 마지막 종착지에서 고흐는 고작 70일밖에 살지 못했지만 모네는 이곳에서 무려 43년이나 살았다. 그가 반평생을 머물렀던 지베르니는 고흐가 살던 마을보다도 작다.

마흔을 훌쩍 넘긴 나이에 간이역도 없는 이 작은 마을에 들어온 모네는 손수 정원을 꾸미고 늪지대에 강물 줄기를 끌어들여 연못을 만들었다. 그가 정성 들여 가꾼 정원과 연못은 훌륭한 그림 모델이 되어 그 유명한 〈수련〉을 비롯해 수많은 걸작을 탄생시켰다. 그 모습을 보기 위해 하루 수천 명이 찾아드니 마을에는 호텔과 레스토랑, 카페, 기념품점이 수두룩하다. 그러니 500여 명의 지베르니 마을 주민들이 모네 덕에 먹고산다고 해도 과언은 아니다. 거실, 식당, 침실 등 공간 하나하나마다 색색의 아름다움이 담긴 모네의 집4~10월에만 공개을 중심으로 한 지베르니는 마을 곳곳이 그림엽서일 만큼 아름다워 파리지앵들이 은퇴 후 살고 싶어 하는 곳 중 하나가 되었다.

　20대 초반, 젊은 시절의 모네는 파리에서 고만고만한 또래 화가들과 어울리며 함께 그림을 그렸다. 그때 만난 이들이 마네와 르누아르, 드가, 세잔, 프레데릭 바지유 등이다. 지금이야 이들의 그림이 단연 인기지만 처음부터 그랬던 건 아니다. 당시 프랑스 미술계를 좌지우지한 것은 200년 전통을 자랑하는 '살롱전'이었다. 살롱전은 전시회를 빙자한 귀족들의 사교 모임터이기도 했다. 때문에 살롱전에 그림을 건다는 것은 곧 화가로서 성공을 의미하는 보증수표였다. 그 수표의 주제는 대부분 왕과 귀족들의 인물화나 종교·역사적 의미를 담은 기록화였다. 때문에 그것을 벗어나 평범한 사람들의 소소한 일상과 자연을 담은 이들의 그림은 번번이 외면당했다.

　그런 그들에게 한줄기 빛이 비치는 듯도 했다. 1863년 봄, 살롱전에서 어김없이 떨어진 이들의 그림을 접한 나폴레옹 3세가 '낙선전'이란 명칭으로 전시회를 열게 해준 것이다. 그러나 틀에 박힌 그림에서 벗어나고자 했던 젊은 화가들의 그림은 비평가들의 비난만 사고 말았다. 특히 마네의 작품 〈풀밭 위의 점심식사〉는 점잖은 신사들이 나체 여성과 낯 뜨겁게 어울린 모습이라 하여 가장 많은 뭇매를 맞았다.

　인상주의 화풍의 물꼬는 1874년에 터졌다. 여전히 편파적인 시선으로 살롱전에서 외면당한 이 젊은 친구들은 무명화가협회를 만들어 그들만의 그룹전을 열었다. 여기에 모네도 〈인상, 해돋이〉란 제목으로 그림 한 점을 내걸었다. 이때도 역시나 비평가들의 시선은 곱지 못했다. 특히나 모네의 그림을 본 한 유명 평론가는 제목을 빙자해 "이것도 그림이라니… 참으로 인상적이네"라며 은근슬쩍 조롱하며 '인상주의자들의 전시회'라 비꼬기까지 했다. 하지만 이들은 자신들을 야유하는 용어를 오히려 보란 듯이 정식 명칭으로 사용했기에 인상파가 탄생된 것이다.

당시 인상파 화가들이 추구한 것은 그림을 그리는 그 순간, 눈에 들어온 모습 자체를 그리는 것이었다. 그들이 관심을 가진 것은 사물 자체의 색보다 빛의 변화에 따라 바뀌는 색이었다. 그것을 담아내기 위해선 무엇보다 빠른 속도가 관건이다. 즉, 흰 구름이 동동 떠 있던 파란 하늘 밑 풍경이 어느 순간 뿌옇게 변해버리면 낭패이기에 화폭에 재빨리 담아야 했다. 인상파 화가들의 작품 속 사물이 또렷하지 않은 건 이처럼 형태보다 순간의 색채를 중시했기 때문이다.

반면 인상주의 화풍 이전의 그림은 이미 마음속에 담긴 모습을 그대로 표현한 것이라 그림의 윤곽이 뚜렷하고 선명했다. 그러니 그런 그림에만 익숙했던 사람들 눈에 그리다 만 것 같은 모네의 그림은 당연히 조롱거리가 되었고, 빨간색이어야 할 사과가 엉뚱한 색으로 변해 나뒹굴고 있으니 비웃음거리가 될 수밖에 없었다. 하지만 예술에 정답이 있을까? 그 어떤 비난에도 꿋꿋하게 화풍을 지켜나간 이들에게 점차 신선하다는 호응이 쏟아졌고, 결국 미술계를 주름잡게 되었다.

아쉬움을 남긴 모네의 순애보

말년에 돈 걱정할 일 없는 거장이 된 모네도 마흔 즈음까진 궁핍한 생활을 면치 못했다. 사실 화가의 길로 들어선 20대 초반에는 부유했던

아버지 덕분에 사는 데 별 어려움이 없었지만, 그가 궁핍하게 살아야 했던 건 오로지 사랑 때문이다.

스물다섯 되던 해 모네는 운명의 여인을 만나게 된다. 그녀는 바로 열여덟 꽃다운 나이의 카미유 동시외다. 화가와 모델로 만난 그들은 이내 사랑에 빠져 동거에 들어갔고 덜컥 임신까지 하게 된다. 그러나 모네의 아버지는 천한 출신의 직업모델을 들먹이며 아들의 사랑을 용납하지 않았다. 분노가 극에 달한 아버지는 급기야 모든 경제적 지원을 중단했다. 당시 아웃사이더 화가로 그림 한 점 팔지 못하던 모네에게 아버지의 그런 처사는 치명타였다. 가뜩이나 힘든 생활에 아이까지 태어나자 그들의 삶은 더욱 쪼들려 물로 배를 채우는 날도 있었다.

모네가 그나마 생활을 유지할 수 있었던 건 끈끈한 우정의 동료 화가들 덕분이다. 모네만큼 없이 살던 르누아르는 틈틈이 자신의 빵을 들고 찾아왔고, 부잣집 아들 프레데릭 바지유는 모네의 그림을 할부로 사들여 매달 수십 프랑씩 내놓았다. 그는 모네를 비롯한 가난한 친구들에게 자신의 아틀리에를 내주고 물감도 나눠 쓸 만큼 따뜻한 동료였다.

그렇게 근근이 버티던 모네 부부에게 더욱 큰 시련이 찾아왔다. 둘째 아이를 임신한 카미유가 시름시름 앓기 시작한 것이다. 모네는 아내를 위해 빚도 내면서 백방으로 노력했지만 치료비를 감당하기엔 턱없이 부족했다. 미술 애호가였던 부유층 에르네스트가 자신의 저택을 장식할 그림을 의뢰해 숨통이 트이는 듯 했지만 1년 뒤 파산한 그가 가족을 버리고 도망가면서 그것마저 무산되고 말았다. 모네는 어쩔 수 없이 모든 것을 헐값에 처분하고 파리에서 더 멀리 떨어진 베퇴유로 거처를 옮

겼다. 이곳에서 어렵사리 아이를 낳은 카미유는 제대로 된 치료를 받지
못해 건강이 점점 악화됐다.

이즈음 이 집안엔 다른 여인이 들어온다. 바로, 도망간 에르네스트의
아내 알리스다. 남편의 파산으로 집도 절도 없이 떠돌던 그녀는 모네의
동의하에 6명의 자녀들을 데리고 들어와 카미유와 갓난아이를 돌보았
다. 하지만 카미유의 자궁암은 야속하게도 이듬해인 1879년, 서른둘 젊
은 나이의 그녀를 끝내 저승으로 끌고 갔다.

자신의 아내를 가장 많이 그린 화가를 꼽는다면 아마도 모네일 게다.
카미유를 너무나 사랑했던 모네는 틈틈이 그녀의 모습을 화폭에 담았
다. 그렇게 남겨진 그림은 56점. 그 안엔 그녀가 세상을 떠나던 모습까
지 들어 있다. 구름 속에 휘감긴 듯 희미하고 창백한 아내의 마지막 얼

굴을 그려낸 모네는 지인에게 아내의 죽음을 '관찰'한 자신을 질책했다. "사랑하는 아내가 죽어가는데, 죽음이 드리워지는 얼굴빛을 본능적으로 관찰하고 있는 내 자신에 놀랐습니다."

창문으로 스며드는 초가을 햇살에 시시각각 변해가는 낯빛을 반사적으로 그린 모네는 아내의 죽음 앞에서도 어쩔 수 없는 화가였다. 또 모델로 만나 죽는 순간까지도 미소를 띠며 떠나간 카미유는 모네의 영원한 모델이었다.

모네가 그린 카미유 중 가장 인상 깊었던 건 〈빨간 스카프를 두른 모네 부인의 초상〉이다. 창밖을 스쳐 지나다 흘낏 쳐다보는 그녀의 눈길…. 뭔지 모를 슬픔이 배어 있는 그 눈길에 자꾸만 마음이 쏠렸다. 그리고 그녀를 감싸고 휘날리는 하얀 눈발도…. 카미유의 병이 악화된 건 이 그림이 완성된 즈음부터다. 그래서인 걸까? 그 눈꽃송이처럼 그림 속 여인도 소리 없이 녹아 사라질 것만 같단 느낌이 들었다.

모네가 이 그림만큼은 죽을 때까지 팔지 않고 곁에 두었다고 하지만 그의 곁엔 다른 여인이 있었다. 남편 없는 여인이 병든 아내를 둔 남자의 집에서 산다는 것…. 자신을 돌봐주는 여인이 고맙기도 했겠지만 그저 고마운 마음만 있었을까? 항간에선 이미 한 지붕 두 가족이 되기 직전에 낳은 알리스의 아들이 모네의 아이일지 모른다는 얘기도 있다. 만일 그렇다면 스트라빈스키의 아내가 그랬듯 카미유도 모르진 않았을 터다. 카미유가 죽은 후 결국 모네와 알리스는 연인이 되었다.

고흐도 그랬지만 카미유도 '좀 더 살았더라면…' 하는 생각이 든다.

그녀가 떠나고 몇 해 되지 않아 서서히 빛을 본 모네가 돈 버는 화가로 돌아섰기에 더욱 그렇다. 모네가 지베르니로 들어온 건 1883년이다. 계절마다 꽃이 만발하는 정원이 딸린 아름다운 저택의 안주인이 된 이가 알리사였다는 게 왠지 씁쓸하기도 하다.

어쨌든 이곳에서 오랫동안 동거해온 두 사람은 에르네스트가 사망한 이듬해인 1892년에 결혼했다. 그즈음의 모네는 그림값을 가늠하기 힘든 유명화가가 되어 있었다. 그 배경에는 그 옛날 그림을 사주던 폴 뒤랑뤼엘의 영향력도 컸다. 1886년, 폴이 자신이 수집한 작품 300여 점을 들고 뉴욕으로 건너가 연 전시회가 폭발적인 인기를 끌면서 이후의 모네전도 대성공을 거두었기 때문이다. 이후 '빛이 곧 색채'임을 끝까지 고수한 모네는 같은 사물이 빛에 의해 사뭇 다른 인상을 풍기는 연작 시리즈에 몰두했다. 그렇게 빛을 쫓던 모네는 말년에 백내장을 앓아 거의 시력을 잃었음에도 죽을 때까지 붓을 놓지 않았다. 알리스가 죽은 후 15년을 더 산 모네는 1926년 겨울 지베르니에서 생을 마감했고, 그의 마지막 연작이 된 〈수련〉은 파리의 튈트리 정원에 있는 오랑주리 미술관에 걸려 있다.

Honfleur 로맨틱 항구마을, 옹플뢰르

노르망디는 파리지앵들의 휴양지로 인기가 높은 지역이다. 그중 하나가 모네의 스승 외젠 부댕의 고향인 옹플뢰르다. 파리를 거쳐온 센강의 물줄기가 바다에 몸을 푸는 곳에 자리한 이 항구마을은 백년전쟁 땐 군사적 요충지요, 콜럼버스가 신대륙을 발견한 1492년 이후엔 신세계를 찾아 떠나던 출발지이자 무역항으로 번성했던 곳이다. 제2차 세계대전 당시 주변 도시가 파괴되는 와중에도 홀로 비껴간, 행운의 마을이기도 하다. 그 덕분에 이곳에는 지금도 중세풍의 분위기가 고스란히 남아 있다.

특히나 생카트린 성당은 프랑스에 남아 있는 가장 큰 목조성당으로 유명하다. 이는 오랫동안 격전을 벌였던 백년전쟁의 승리를 하느님의 뜻으로 여긴 마을 사람들이 감사하는 마음에 돈을 모아 지은 성당이다. 석조성당이 대세인 유럽에서 목조성당을 지은 건 십시일반 모아진 돈이 값비싼 돌을 살 형편이 안 됐기 때문이다. 성당을 세운 이들도 전문 건축가가 아닌 마을 사람들이다. 그렇게 만들어진 성당엔 다른 곳에선 볼 수 없는 점들이 있다. 우선 두 척의 배가 뒤집힌 형태의 천장이 독특하다. 평생 배만 만들던 비전문가들이 건물 몸통은 어찌어찌 세웠지만 지붕을 남겨두고 고심하던 차에 자신들이 가장 자신 있는 배를 만들어 엎어둔 결과다. 성당 위에 있어야 할 종탑도 성당 앞에 뚝 떨어져 있다. 목조건물이기에 뾰족하게 솟은 종탑이 행여 번개를 맞을 경우 화재에 속수무책이기 때문이다. 또한 단 하나의 쇠못도 박히지 않은 성당이 수백 년이 지난 지금까지 건재한 비결은 물기를 머금을 때마다 부풀어 오르며 건물을 더 단단하게 조여주는 나무못 덕분이다. 그 독특한 모습을 보기 위해 관광객이 몰려들다 보니 정작 이곳에선 미사가 열리지 않는다. 마을 사람들을 위한 성당은 따로 있고 결혼식이나 장례식 등 특별한 날에만 이곳에서 미사가 진행된다.

이 마을의 또 다른 매력은 골목길이다. 성당 안쪽에서 요리조리 이어지는 좁은 골목길에는 15, 6세기에 지어진 노르망디 특유의 전통 목조건물들이 그대로 보존되어 있다.

이곳에 있는 동안 노르망디 특유의 변덕스런 날씨답게 비가 오락가락했다. 후두두 쏟아지던 비가 그친 뒤 촉촉하게 젖은 골목길과 목조건물이 더욱 감미롭게 다가왔다. 세월의 흔적이 묻어나는 그 골목길을 느린 걸음으로 또각또각 스쳐가는 마차를 만났을 때에는 마치 시간을 거슬러 중세시대로 온 느낌도 들었다. 사과와인으로 유명한 이곳에는 골목마다 종류별로 시음이 가능한 와인 상점도 꽤 많다. 사이다처럼 톡 쏘는 시드르, 입맛 돋우는 식전주로 인기가 높은 뽀모, 40도가 넘는 칼바도스는 애주가들에게 사랑받는 코냑 같은 와인이다.

작지만 생기 넘치는 옹플뢰르는 인상파 화가들이 끊임없이 들락거리며 저마다의 그림을 남긴 곳으로도 유명하다. 〈악의 꽃〉으로 유명한 시인 보들레르도 홀로된 노모가 말년에 이곳에서 살았기에 수시로 찾아와 시를 썼다. 곳곳에 예술가들의 흔적이 깃든 옹플뢰르에는 괴짜 음악가 에릭 사티의 흔적도 담겨 있다. 외젠 부댕의 고향 옹플뢰르는 사티의 고향이기도 하다. 살아 있던 시절보다 죽은 후 빛을 발한 그의 삶을 떠올리면 왠지 고흐와 닮았단 생각이 든다.

1866년 옹플뢰르 바닷가에서 태어난 사티는 6살 때 어머니를 잃고 조부모 밑에서 성장했다. 늘 외로웠던 어린 사티의 유일한 낙은 성가대의 노래를 듣는 거였다. 그곳에서 오르간 연주를 했던 선생님에게 피아노를 배운 그는 12살 되던 해에 아버지가 있는 파리로 가 파리음악원에 입학했다. 하지만 고리타분한 학구적 분위기가 싫어 결석하기 일쑤였고, '게으르고 불성실한 학생'이란 평가를 받으면서 자의반타의반 퇴학해버렸다.

딱딱한 군대 문화에도 적응하지 못한 그는 입대 1년 만에 방출되었다. 제대하자마자 몽마르트르 언덕 카바레에서 피아노 연주로 생계를 꾸려나가던 그는 나름의 피아노곡도 발표했다. 나른한 선율에 편안함이 스며 있는, 22살 때의 작품 〈짐노페디 Gymnopedie〉 1번은 우리나라에서 한때 시몬스 침대의 CF 배경음악으로도 쓰여 잘 알려져 있다.

에릭 사티에게 있어 음악이란 딴짓도 해가면서 부담 없이 즐기는 거였다. 있으면 편하고 없어도 상관없는 가구 같은 음악이요, 정색하고 듣지 않아도 될 배경음악이길 원했다. 실제로 한 연극 공연 중간에 '가구

음악'이란 제목으로 진행된 그의 순서엔 이런 문구가 담겨 있었다. '관객들은 연주에 신경 쓰지 말고 걸어 다니거나 수다 떨며 음료수를 마실 것'. 하지만 그 요상한 '지시'에 오히려 호기심을 보인 청중들이 꼼짝 않고 귀를 기울이자 관객들에게 화를 내며 듣지 말라고 외쳤단다. 세상에 이런 음악가가 또 있으랴.

〈바싹 마른 태아〉〈개를 위한 엉성한 진짜 전주곡〉 등 발표하는 작품마다 제목도 별나거니와 연주법에 '놀라움을 가지고' '매우 기름지게' '혀끝으로'라는 식의 야릇한 언어들이 툭툭 튀어나온 건 당시 바그너로 대표되는 화려하고 웅장한 낭만주의 음악의 예술적 허세를 비꼬는 냉소요, 풍자였다. 1917년 피카소가 무대장치를 맡아 첫 번째 부인 올가를 만났던 러시아 발레단의 〈파라드Parade〉 공연에선 중간중간 사이렌을 울리고 총 소리에 폭격 소리를 끼워 넣어, 새로운 화풍으로 비난받던 인상파 화가들보다 더한 조롱을 받았다.

"나는 너무 늙은 세상에 너무 젊어서 왔다"

당대에 외면당하며 살았던 사티는 스스로 이렇게 얘기했다. "나는 너무 늙은 세상에 너무 젊어서 온 사람"이라고. 그의 말처럼 시대를 너무나 앞서간 사티는 한 세기가 넘어서야 인정받고 사랑받는 음악가가 되었다. 그런 음악가의 사랑은 어땠을까? 사티의 사랑은 자신의 음악만큼이나 단순했다. 딱 한 여자만, 그것도 아주 짧게 사랑한 뒤 평생을 독신으로 살았다. 고흐의 사랑만큼이나 서글프고 쓸쓸하다.

그 짧은 사랑의 여인은 당시 몽마르트르 화가들의 모델이자 프랑스

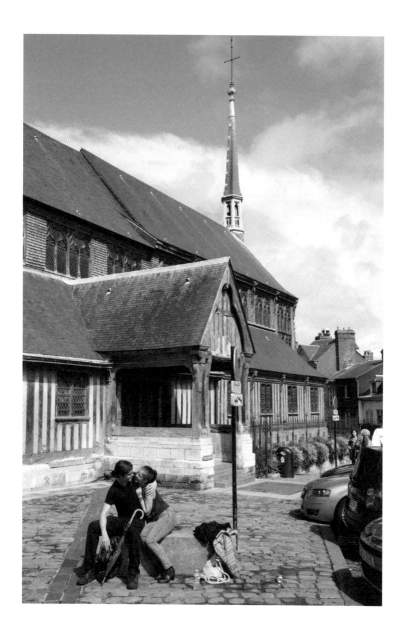

의 여성 화가 1호였던 수잔 발라동이다. 스물일곱 청년의 눈에 들어온 수잔은 강인하고 도발적인 매력녀였다. 자신이 일하는 카바레에 들어선 수잔에게 반한 사티는 그녀와 하룻밤을 보낸 후 청혼했지만 그녀는 결혼 대신 동거를 원했다. 하지만 각기 개성이 너무나도 강한 두 사람은 열렬했던 사랑만큼 다툼도 격렬했고, 동거는 결국 6개월 만에 끝이 났다. 수잔이 떠난 이후 사티는 파리 근교 빈민가로 옮겨 그곳에서 죽을 때까지 살았지만 27년 동안 그 집에 발을 들인 이는 없었다. 1925년 알콜 중독으로 인한 간경화로 세상을 떠난 뒤 공개된 그의 방엔 낡은 피아노와 침대, 해질 대로 해진 똑같은 양복 몇 벌, 수잔에게 부치지 못한 편지 한 묶음뿐이었다. 그런 사티가 내겐 동생 테오가 있던 고흐보다 더 고독한 남자처럼 다가왔다.

사티를 떠난 수잔의 사랑도 결코 순탄하진 않았다. 사실 그녀의 본명은 마리 클레멘틴 발라동이다. 세탁부의 사생아로 태어난 그녀는 꼬맹이 때부터 온갖 궂은일을 해야 했고 열다섯 무렵에 그나마 안정적인 직업인 서커스단 곡예사가 되었지만 곡예를 하다 다치는 바람에 쫓겨나고 만다. 그즈음 늙은 화가 퓌비 드 샤반의 눈에 띈 그녀는 본격적인 직업모델이 되어 샤반을 비롯해 르누아르, 로트레크, 드가 등의 화폭 속으로 들어갔다. 사실 당시의 직업모델은 창녀 취급을 받았고 수잔 또한 많은 화가들과 염문을 뿌렸다. 그런 그녀는 18살 때 자신이 그렇게 태어난 것처럼 아버지가 누군지 모르는 아들을 낳았다. 그 아들은 훗날 몽마르트르 풍경 그림으로 유명해진 모리스 위트릴로이다.

아들이 태어난 그해, 그녀는 가슴을 당당하게 드러낸 자화상을 그렸다. 화가들의 붓놀림을 어깨너머로 배워 그린 그녀에게 샤반은 감히 화가 흉내를 낸다며 화를 내고 비웃었다. 그녀에게 화가의 날개를 달아준 이는 몽마르트르의 난쟁이 화가 로트레크였다. 수잔의 재능을 알아본 로트레크는 그녀를 드가에게 소개시켜 그림 수업을 받게 했다. 또 수잔이란 예명을 지어주고 '수잔 발라동'이란 이름으로 여성 화가 최초의 개인전을 여는 데 큰 힘이 되어주었다. 그런 로트레크에게 사랑을 느낀 수잔은 그에게 여러 번 청혼했으나 번번이 거절당했다. 자신의 외모에 콤플렉스를 가진 로트레크는 사랑을 원하면서도 그 사랑이 떠나는 게 두려운 남자였다.

수잔은 사티와의 짧은 사랑 끝에 돈 많은 주식 중개인과 결혼해 10여 년을 살았지만 사랑 없는 그 결혼도, 이후 만난 아들 친구인 젊디젊은 남자와의 재혼 생활도 씁쓸하게 끝이 나고 만다. 사티에겐 단 한 번의 사랑이 수잔에겐 너무나 많았지만 그 사랑은 언제나 헛헛했다. 그 공허함을 채워준 건 오로지 그림뿐이었다. 상류층 여성도 화가로 인정받기 어려웠던 그 시절, 천박한 직업모델이 화가가 되는 건 그야말로 언감생심이었지만 편견을 이겨내고 최초의 여성 화가로 이름을 남긴 그녀는 일흔셋의 나이에 세상을 떠났다.

Etretat 그림과 소설 속 풍경, 에트르타

예술가들이 사랑한 마을로 둘째가라면 서러운 곳이 옹플뢰르 북쪽에 있는 에트르타다. 19세기 초만 해도 한적한 어촌 마을이던 이곳이 세상에 알려지게 된 건 아름다운 해안 풍광에 반한 예술가들 때문이다. 모네는 물론 쿠르베, 마네, 들라크루아 등 숱한 화가들이 이곳 풍경을 화폭에 담았다. 모파상의 소설《여자의 일생》의 무대도 이곳이고, 모리스 르블랑의 추리소설《기암성》을 탄생시킨 곳도 바로 이곳이다. 빅토르 위고도 이곳에서 글을 썼고 소설가 알퐁스 카흐는 "친구에게 처음으로 바다를 보여줘야 한다면 단연 이곳을 추천한다"며 극찬했다.

이렇듯 19세기 예술가들에 의해 '명작의 무대'로 거듭난 에트르타는 프랑스인들이 죽기 전에 한 번쯤 보고 싶어 하는 곳이요, 프랑스 연인들이 1순위로 꼽는 신혼여행지다. 얼마나 멋진 곳이기에…. 호기심 반, 기대 반으로 가보니 나 역시 고개가 끄덕여진다. 몽돌로 가득한 해안에 긴 병풍처럼 솟구친 절벽을 품은 이 바다는 장쾌하다. 인간의 손으로는 결코 흉내 낼 수 없는 자연의 위대함이 절로 드러나는 풍광이다.

　그런 에트르타의 명물은 뭐니 뭐니 해도 코끼리 절벽이다. 모파상이 '코끼리가 주저앉아 물을 마시는 형상'이라 묘사해 붙은 명칭이라지만 모파상이 아니라 누가 봐도 그렇다. 거친 파도가 절묘하게 뚫어놓은 구멍으로 인해 영락없이 바다에 코를 담근 코끼리 모양이다. 그런 코끼리가 무려 세 마리. 크기도 모양도 제각각이라 엄마, 아빠, 아기 코끼리라 불린다. 가장 안쪽에 있는 아빠 코끼리는 두툼한 덩치로 듬직해 보이고 가운데에 있는 엄마는 콧날이 날렵하다. 엄마 코끼리 오른쪽에 있는 녀석은 작고 뭉실한 게 그 애칭처럼 통통한 아기 같다.

　엄마와 아기 코끼리 사이에 펼쳐진 아늑한 해변에는 조막만 한 몽돌이 가득하다. 밀려온 파도가 쓸려 내려갈 때마다 자그르르… 재잘거리는 몽돌 소리가 경쾌하다. 그 해변에 누워 느긋한 여유를 부리는 이가 있는가 하면, 구름을 몰고 온 바람이 제법 거세고 차건만 과감하게 바

　　　　　　　　　　　　　　　　　　　　　　사랑한다면 파리

다에 뛰어들어 늦여름 해수욕을 즐기는 이도 보였다. 에트르타 풍경만으로도 전시회를 열 수 있을 만큼 많은 그림을 그린 모네의 작품에 가장 많이 등장한 모델이 바로 이 해변에서 보는 엄마 코끼리다. 정말이지 모네의 그림 그대로인 풍경이다.

아빠 코끼리는 엄마 코끼리 언덕에 올라야만 볼 수 있다. 거친 바닷바람에 고개를 숙이며 이리저리 쓸려 다니는 풀줄기 너머 펼쳐진 바다는 한바탕 뛰고 나서 시원한 맥주를 벌컥벌컥 들이키는 순간만큼 짜릿하다. 이 언덕 아래 절벽과 볼록 솟은 바위가 바로《기암성》에 등장했던 곳이다. 보물동굴이 숨겨진 곳으로 묘사된 소설처럼 범상치 않은 절벽 밑엔 지금도 뭔지 모를 비밀이 숨겨져 있을 것만 같다. 괜한 궁금증을 안고 노르망디 해변의 보석 같은 마을 노천카페에서 커피 한 잔만큼의 여유를 즐기다 오려니 조금은 아쉬웠다.

Mont Saint Michel
신비로운 마법의 성, 몽생미셸

파리 여행 중 '갈까 말까' 한참을 고민했던 곳이 있다. 언젠가 누군가의 블로그에서 우연히 마주한 몇 장의 사진에 푹 빠졌던 곳이다. 하지만 파리에서 차로 거의 4시간 거리. 선뜻 나서기엔 좀 멀다 싶어 접어두었는데 신비감 깃든 그 풍경이 자꾸만 아른거리며 뒷덜미를 잡아당겼다. 시간에 따라 날씨에 따라 사뭇 다른 자태를 보이는 그곳은 영락없는 마법의 성이었다. 조금 멀다고 제쳐두면 내내 후회할 것 같았다. 그것은 바로, 바위섬과 일체가 된 수도원 몽생미셸이다.

파리 북서부 노르망디 해안의 작은 섬에 마법의 성 같은 수도원이 들어선 건 8세기 초반이다. 전설에 의하면 708년 대천사장 미카엘이 인근 아브랑슈 지역 대주교인 오베르의 꿈에 나타나 이 섬에 수도원을 지을 것을 명한 게 그 시초다.

같은 꿈을 두 번이나 꾸었지만 오베르 주교는 그저 꿈이려니 하며 무시했다. 그러자 화가 난 대천사가 다시금 꿈에 나타나 지지리도 말 안

들는 오베르 주교의 이마를 빛이 나는 엄지손가락으로 꾹 눌러 구멍을 냈다. 이 또한 요상한 꿈이려니 싶었지만 깨고 나서 실제로 자신의 이마에 까맣게 타 들어간 구멍을 본 오베르 주교가 부랴부랴 예배당을 지었다는 얘기다. 믿기 힘든 전설이지만 아브랑슈 박물관에 구멍 난 오베르 주교의 해골이 전시되어 있다니 꾸며낸 얘기라 치부하기도 뭐하다.

그렇다면 미카엘 대천사는 왜 이곳에 수도원을 지으라 했을까? 여기에는 전설 속의 전설이 들어 있다. 스스로 신이 되려는 욕심을 품다 지상으로 쫓겨난 천사 루시엘이 정신 못 차리고 사람들을 위협하자 하느님이 미카엘을 대천사로 임명, 사탄을 상징하는 용의 모습으로 쫓겨난 루시엘을 물리치라는 명령을 내린다. 그 소식을 접한 루시엘 일당이 지하세계로 도망가던 중 한 마리가 미카엘에게 잡혀 죽은 뒤 이 바위섬 밑에 묻히게 된다. 그걸로 끝인 줄 알았건만 이곳에서 새어나는 스산한 소리에 또다시 사람들이 두려움에 떨자 수도원을 짓게 했단다.

'성 미카엘의 산'이란 뜻을 담은 몽생미셸미셸은 미카엘의 프랑스 발음은 신비로운 전설만큼 모양새도 신비롭다. 오베르 주교가 세운 예배당을 기반으로 천년 동안 증축을 거듭하며 완성된 수도원은 어느 위치에서든 삼각형으로 보인다. 이는 곧 '성삼위일체'를 의미하는 형태다. 그 수도원 꼭대기에는 미카엘 천사의 금빛 동상이 세워져 있다. 오른손엔 칼을, 왼손엔 방패를 들고 발밑에 죽은 용을 깔고 있는 천사의 모습이 미카엘의 상징이다.

미카엘 대천사의 전설이 스민 수도원은 이후 입소문을 타고 순례자들이 몰려들면서 수세기 동안 황금시대를 맞는다. 하지만 순례자의 길

은 그리 녹록지 않았다. 세계에서 가장 큰 조수간만의 차이를 보이는 이곳은 썰물과 밀물의 차가 무려 15미터에 이른다. 지금은 긴 방파제가 연결돼 어느 때고 들어갈 수 있지만 19세기 후반까지만 해도 이 작은 섬은 하루 두 차례씩 바닷물에 갇혀야 했다. 때문에 물이 빠진 후 발이 푹푹 빠지는 갯벌을 건너오던 순례자들 중에는 순식간에 밀려오는 바닷물에 익사하는 이도 많았다.

반면 백년전쟁 때에는 이것이 천연요새가 되어 인근 지역 모두가 영국 손아귀에 넘어갔음에도 이곳만큼은 꿈쩍하지 않았다. 무거운 돌대포를 낑낑대며 끌고 와 코앞에서 공격하던 영국군은 물이 들기 전에 서둘러 철수하길 반복했고, 철통같은 성벽 안에 꽁꽁 숨어 있던 몽생미셸 사람들은 그들이 사라진 뒤 흠집 난 성벽을 잽싸게 고쳐 원점으로 돌려 놓곤 했다.

그렇게 116년을 버틴 몽생미셸은 프랑스 혁명 후 감옥으로 변신했다. 영국의 끈질긴 공격에도 끄떡없던 곳이 감옥으로 사용되는 동안 수도원의 상징인 십자가가 모두 망가졌다. 왜 그랬을까. 바다 위의 바스티유로 일컫던 이곳의 수감자들은 혁명 당시 시민들의 적이던 귀족들이다. 금수저 물고 태어난 게 뭔 잘못이냐며 억울해한 그들이 하느님을 원망하며 훼손시켰기 때문이다. 그러니 '몽생미셸 구하기'의 유일한 방법은 감옥을 폐쇄시키는 것뿐. 70년 만에 감옥 문을 닫고 100년간의 보수공사 끝에 1960년대에야 다시 수도원으로 돌아왔다.

대천사에게 혼쭐이 난 오베르 주교의 손끝에서 시작된 몽생미셸은 천년 세월을 거뜬히 이겨내고 지금은 유네스코 세계문화유산으로 거듭났다. 수도원을 머리에 인 이 작은 섬은 인구 40여 명에 불과하지만, 매년 수백만 명을 불러들이는 유명 관광지가 되었다. 프랑스 내에선 특히 수학여행지로 인기가 높다.

  늦은 오후, 몽생미셸을 코앞에 둔 마을에 들어섰다. 호텔과 레스토랑이 대부분인 작은 마을엔 알록달록한 소와 양들의 모형이 곳곳에 놓여 있고 방파제가 들어서면서 목초지로 변한 습지엔 풀을 뜯는 소와 양들이 가득하다. 양고기로 유명한 레스토랑에서 저녁을 먹은 후 마을 끝에 있는 전망대에 들어서니 몽생미셸이 아련하게 보인다. 구름에 묻힌 수도원은 사진으로 접한 모습 그대로 신비로웠다. 어둠이 내린 그곳에 물이 들면 바다 속에 또 하나의 수도원이 잠겨 더욱 신비로울 테지만 아쉽게도 물때가 맞지 않았다.

  물이 빠진 갯벌처럼 관광객들이 썰물처럼 빠져나간 밤, 아득한 길 끝에서 손톱만큼 작아 보이는 몽생미셸로 향했다. 마을에서 몽생미셸까지는 약 2킬로미터. 무료 셔틀버스를 타면 금세 닿는 그곳을 타박타박 걸어갔다. 한 발 한 발 내딛을 때마다 조금씩 커지는 수도원으로 다가서는 기분이 묘했다. 그렇게 천천히 다가간 몽생미셸 앞에선 내가 손톱만한 존재가 되어버렸다. 높이 치솟은 수도원을 코앞에서 보려니 고개를 바짝 젖혀야 했다. 아무리 봐도 독특한 그 자태에 목이 뻐근해질 때까지 한참을 바라보았다.

  사람들이 떠난 몽생미셸 골목은 적막했다. 천년 시간의 무게가 밴 돌집들은 어둠 속에 더욱 묵직해 보였다. 아직 닫지 않은 몇몇 가게의 희

미한 불빛을 따라 오르다 중간 즈음에서 내려왔다. 어차피 내일 다시 오를 길이다.

마을로 돌아 나오는 길, 먹구름이 가득한 하늘엔 별빛 하나 없으니 아무것도 보이지 않았다. 이토록 까만 어둠을 본 적이 있었던가. 뒤를 돌아보니 그 어둠 속에서 몽생미셸의 불빛만이 희미하게 퍼져 있다. 순간 궁금했다. 밝을 때 보는 몽생미셸이….

이른 아침, 제법 굵은 빗줄기가 창문을 두드린다. 창문을 열고 고개를 내미니 뿌연 비안개 속에 수도원이 아스라이 숨어 있다. 잠에서 막 깨어난 몽롱한 눈에 들어온 그 잔상이 꿈결인 듯했다. 아침을 먹고 나오니 멈출 것 같지 않던 비는 그쳤지만 바람이 거칠었다. 셔틀버스를 타고 다시 들어선 몽생미셸 골목은 어젯밤과 달리 생기가 돌았다. 기념품

점과 호텔, 레스토랑이 줄을 이은 골목 초입에는 몽생미셸의 명물이 된 오믈렛 원조 식당이 있다. 그 옛날, 물이 들기 전에 나가야 하는 순례자들을 위해 빨리 만들어 빨리 먹고 갈 수 있도록 제공했던 오믈렛이 폭발적인 인기를 끌면서 대를 이은 식당 주인을 몽생미셸의 재벌로 만들었단다. 유명세인 걸까? 오믈렛 한 접시 값이 우리 돈으로 4만 원이 넘는데 맛은… 글쎄다.

'왕의 문'을 전후한 비탈길은 누가 봐도 좁은 골목길이건만 이곳에선 가장 넓어 '큰 길'이라 일컫는다. 아닌 게 아니라 이 길을 중심으로 가지처럼 뻗은 옆 골목은 몸을 틀어야만 간신히 통과할 수 있을 만큼 좁디좁다. 큰 길은 그 옛날 왕이 타고 온 마차가 지날 수 있는 만큼의 폭이기에 '몽생미셸의 샹젤리제 거리'란 애칭이 붙기도 했다. 그 골목에 늘어선 상점들 앞엔 제각각 다른 그림 간판이 달려 있다. 글을 모르는 사람들이 대부분이었던 시절, 그림을 통해 무엇을 하는 곳인지 알려주던 간판의 전통을 지금까지 이어오고 있다.

왕의 마차가 오르던 큰 길은 좁은 계단이 시작되는 곳에서 끝이 난다. 숱한 사람의 발길에 닳고 닳아 반들거리는 계단은 그야말로 시간을 거슬러 오르는 길이다. 백년전쟁 당시 수세에 몰린 프랑스를 구한 잔 다르크 동상을 지나면서 휘어지는 계단 끝에서야 몽생미셸의 기원인 수도원을 만나게 된다. 수도원으로 들어서는 넓은 계단은 '천국의 계단'이라고도 부른다. 그 옛날 위험을 무릅쓰고 갯벌을 무사히 건너와 이곳에 서는 것만으로도 천국에 들어선 느낌이라 해서 붙여진 이름이다.

수도원 내부로 들어서면 용도에 따른 수십 개의 방이 미로처럼 연결

되어 있다. 그중 인상적이었던 방은 식탁 모두가 굴곡진 벽에 붙어 있는 수도사들의 식당이다. 당시 수도원에선 말을 아끼는 게 미덕이었다. 말이란 게 물론 덕담도 있지만 혀끝을 잘못 놀려 화를 부르는 경우도 다반사다. 코앞에 마주보고 있으면 아무래도 대화를 나누게 마련이기에 이렇게 뚝 떨어진 벽 쪽에 붙어 앉아 말없이 식사를 하게 만든 곳이다. 하지만 침 넘어가는 소리가 들릴 만큼 조용하면 사실 먹는 것도 거북하다. 때문에 수도사들이 식사하는 동안 성경을 읊는 이가 따로 있었다. 굴곡진 벽면은 그 소리가 사방에서 부딪치며 울려 퍼지는 확성기 역할을 한 것이다.

수도사들의 식당과 달리 귀족들의 식당은 각종 장식품으로 치장한 가장 화려했던 방이었다지만 지금은 이렇다 할 장식물 하나 없이 두툼한 돌 뼈대만 남아 있어 휑한 느낌이다. 그건 다른 방도 마찬가지다. 감옥으로 사용될 당시 행여 수감자들이 집어 들면 흉기가 될 만한 것들을 죄다 모아 인근 마을로 옮겨 보관했기 때문이다. 하지만 제2차 세계대전 때 폭격으로 수도원의 장식품은 모두 사라지고 말았다. 미카엘 대천사가 오베르 주교의 꿈속에 나타나 계시를 내리는 내용이 담긴 조각품이 남은 건 그나마 다행이다. 제2차 세계대전 당시 파손될 것을 우려해 수도원 벽면에서 떼어내 창고에 보관되었던 조각품은 지하로 내려가는 계단에 전시되어 있다. 아담한 정원을 둘러싼 127개의 돌기둥도 애초엔 137개였다. 유일신, 성삼위일체, 안식일을 상징하는 숫자다. 하지만 수많은 사람들이 만져대고 기대어 사진을 찍는 바람에 기둥이 부러져 나갔단다. 사람 손끝이 이렇게 무섭다.

몽생미셸에서 가장 높은 곳에 있는 본당 밖으로 나오면 널찍한 돌마당이 있다. 이곳에 서면 방파제가 갈라놓은 드넓은 갯벌 풍경이 시원하게 펼쳐진다. 미처 빠져나가지 못한 물줄기의 양에 따라 거대한 구렁이가 도사리고 있는 것 같기도 하고 실뱀들이 꿈틀거리는 것 같기도 했다. 전망대 역할을 하는 돌바닥 곳곳엔 각기 다른 숫자가 새겨져 있다. 그 옛날 이 돌들을 다듬은 석공들의 표시다. 숫자를 통해 자신의 돌이 얼마나 사용되었는지 체크해서 돈을 받았다고 하니, 일종의 임금 청구서였던 셈이다.

수도원을 빠져나오는 마지막 길목엔 유난히 반질반질한 돌벽이 있다. 미카엘 대천사의 계시가 시작된 곳으로 소원의 벽이라 불린다. 여기에 손을 대고 소원을 빌면 대천사가 소원을 들어준다는 말에 다들 손을 대고 서 있다 돌아선다. 나도 예외는 아니었다.

수도원을 벗어나 다시금 코앞에서 고개를 바짝 꺾고 올려다보았다. 비를 뿌리던 먹구름은 사라지고 그보다 옅은 구름이 수도원 주변을 맴돈다. 한동안 올려다보던 수도원을 뒤로하고 어제 걸었던 방파제 길을 다시 천천히 걸어 나왔다. 걷다가 뒤돌아보고 걷다가 또 뒤돌아보길 몇 차례…. 길 끝에 놓인 몽생미셸은 바람에 흩어지는 구름에 따라 신기루처럼 나타났다 사라지곤 했다. 그렇게 점점 멀어지는 몽생미셸은 보고 있어도 꿈만 같은 마법의 성이었다.

지나간 시간은 사라지는 것이 아니다

〈미드나잇 인 파리〉의 밤거리에 이끌려 시작된 나의 파리 여행은 촉
촉하게 비가 내리던 날 밤, 반짝이는 에펠탑 앞에서 마무리됐다. 가만히
생각해보면 영화 속 이야기들이 단순히 스크린 속 얘기만은 아니었다.
〈아멜리에〉가 지나간 내 청춘의 이야기라면 〈위크엔드 인 파리〉는 내
가 맞아야 할 노년의 이야기였다. 하룻밤의 짧은 만남, 그리고 긴 그리
움 끝에 재회한 〈비포 선셋〉의 제시와 셀린느가 9년 후 40대 중년부부
가 되어 토닥대는 〈비포 미드나잇〉도 나의 그 시절 모습과 별반 차이가
없었다. 일출과 일몰, 밤을 통해 18년 세월 동안 청춘의 사랑으로 이어
진 중년의 삶을 담은 '비포 시리즈'는 그렇게 살아가는 우리 모두의 사
랑과 삶의 이야기였다. 풋풋했던 〈비포 선라이즈〉의 에단 호크와 줄리
델피도 영화 속 주인공처럼 40대 중년이 되었고 그들의 사랑을 지켜보

던 우리에게도 그만큼의 세월이 흘러갔다.

〈위크엔드 인 파리〉는 함께 늙어간다는 것에 대해 생각하게 했다. 부모로부터 시작된 인생이지만 그 인생의 마지막은 함께 늙어가는 배우자 옆에서 끝난다는 것…. 그 옛날의 열정은 아니지만 뭘 해도 마음 편한 이는 자식이 아니라 옆에서 같이 늙어가는 배우자다.

예전에 노년의 유럽 여행을 보여준 TV 프로그램 〈꽃보다 할배〉를 눈여겨보곤 했다. 그때 박근형 선생님이 아내에게 전화를 걸어 파리의 이곳저곳을 자상하게 설명해주던 모습이 꽤 인상적이었다. 또한 "나이 들면 제일 부러운 게 청춘이고 젊음"이라던 신구 선생님의 말도 귀에 팍 꽂혀들었다. 그리고 〈꽃보다 청춘〉의 라오스 여행기에선 꽃할배가 부러워한 '20대 청춘'도 그 청춘이 가는 걸 두려워하고 '30대 젊음'도 속절없이 지나간 20대 청춘을 아쉬워하는 마음을 보았다.

모두가 청춘이길 바라는 마음…. 나이 고하를 막론하고 그나마 그 청춘의 마음을 돋게 해주는 것이 바로 여행이지 싶다. 누구에게나 설렘을 안겨주는 여행…. 그 여행이 로맨틱하기까지 하다면 더할 나위 없다. 굳이 영화를 들먹이지 않더라도 파리는 청춘의 사랑도 노년의 사랑도 허물없이 받아주는 사랑과 낭만이 가득한 도시였다.

아침에 눈을 떠보니 내 방 내 침대다. 너무나도 익숙한 내 공간이건만 낯이 설었다. 한동안 눈만 끔벅이며 방안을 휘휘 둘러보았다. 멍멍한 머릿속에 영화 필름처럼 파리의 풍경들이 스쳐 지나갔다. 그 안에는 〈아멜리에〉가 유혹했던 몽마르트르 언덕이 있었고, 내 맘에 쏙 들었던 생 마르탱 운하도 지나갔다. 노트르담 성당을 기웃거리다 센 강변을 걸었고 밤하늘을 수놓던 에펠탑도 보였다. 날마다 노천카페에 앉아 커피를 마시던 내 앞을 지나던 수많은 파리지앵의 모습도 아른거렸다. 한바탕 꿈을 꾼 것 같았다.

이제 나는 여행자가 아니었다. 불현듯 파리가 그리워졌고 따뜻한 커피 한 잔이 생각났다. 몽롱한 기운에 일어나 커피를 내리기 시작했다. 은은한 커피향이 집 안에 솔솔 퍼져나가면서 나의 일상이 다시 시작된다. 내가 보았던 파리지앵들처럼….